中国环境规划政策绿皮书

中国环境经济政策发展报告2021

China's Report on Environmental Economic Policy Progress 2021

董战峰　葛察忠　郝春旭　等/编著

中国环境出版集团·北京

图书在版编目（CIP）数据

中国环境经济政策发展报告. 2021/董战峰等编著. —北京：中国环境出版集团，2022.12

ISBN 978-7-5111-5407-1

Ⅰ. ①中… Ⅱ. ①董… Ⅲ. ①环境经济—环境政策—研究报告—中国—2021 Ⅳ. ①X-012

中国版本图书馆 CIP 数据核字（2022）第 247228 号

出 版 人 武德凯
责任编辑 葛 莉
封面设计 彭 杉

出版发行 中国环境出版集团
（100062 北京市东城区广渠门内大街 16 号）
网 址：http://www.cesp.com.cn
电子邮箱：bjgl@cesp.com.cn
联系电话：010-67112765（编辑管理部）
发行热线：010-67125803，010-67113405（传真）
印 刷 玖龙（天津）印刷有限公司
经 销 各地新华书店
版 次 2022 年 12 月第 1 版
印 次 2022 年 12 月第 1 次印刷
开 本 787×1092 1/16
印 张 14
字 数 190 千字
定 价 98.00 元

《中国环境规划政策绿皮书》
编 委 会

《中国环境经济政策发展报告 2021》
编 委 会

前 言

环境经济政策是一类利用财税、价格、金融、交易等经济政策工具调控环境行为的政策。与行政管制型政策相比，它更注重运用市场经济手段对经济主体进行内生调控，有利于形成生态环境保护的长效机制。随着生态文明建设的深入推进，我国生态环境保护工作向纵深发展，环境政策体系建设在加速转型，环境经济政策越来越受到重视。当前，环境经济政策正进入快速发展阶段，在创新与实践上正面临前所未有的机遇。高质量发展动力转换、绿色发展结构转型、打赢打好污染防治攻坚战等，对环境经济政策实践提出了新的时代需求，我们需要建立一套更加科学、公平、长效的环境经济政策体系，更需要能够充分支撑环境质量改善与高质量发展的市场经济政策创新。

面对快速变化的宏观政策形势以及新时期生态环境保护工作对环境经济政策改革与创新的迫切需求，为了更好地推进环境经济政策创新与应用，充分发挥环境经济政策的作用，持续开展环境经济政策的跟踪评估十分必要。生态环境部环境规划院是我国环境经济与政策研究的顶尖智库，长期从事环境投资、环境税费、环境资源价格、环境权益交易、生态保护补偿、绿色金融等环境经济政策研究，作为科学技术支撑单位，为生态环境部、财政部等管理部门以及地方政府的环境经济政策试点、政策制定与实施提供了智力支持。为了更好地推进环境经济政策的研究与应用，让社会各界能够对国家环境经济政策实践的最新进展有一个系统全面的了解，生态环境部环境规划院组织编制了《中国环境经济政策发展报告 2021》绿皮书。

《中国环境经济政策发展报告 2021》在大量调研和政策文件分析的基础上，系统跟踪评估国家和地方环境经济政策实践的最新进展，研判环境经济政策发展形势，分析年度各类型环境经济政策动态变化、成效与问题，提出未来的改革方向，并对年度最能反映国家和地方进展的典型环境经济政策进行了摘录。我们希望该年度报告能够成为社会各界了解和研究我国环境经济政策实践年度进展的参考书、工具书，也希望通过分享交流，助推我国环境经济政策研究和决策。

本年度报告的编写，得到了生态环境部综合司、法规与标准司、科技与财务司等管理部门领导的大力支持和指导，得到了江苏省生态环境厅、甘肃省生态环境厅、四川省生态环境厅、浙江省生态环境厅、上海市生态环境局、安徽省生态环境厅、福建省生态环境厅、广东省生态环境厅、贵州省生态环境厅、云南省生态环境厅等地方生态环境部门的大力支持，还得到了生态环境部环境规划院陆军书记、王金南院长等领导的大力支持，在此表示衷心的感谢！

本年度报告由董战峰、葛察忠、郝春旭等牵头组织编写，由董战峰、郝春旭统稿。报告共 11 章，第 1 章主要完成人为赵元浩、郝春旭、葛察忠，第 2 章主要完成人为璩爱玉、董战峰，第 3 章主要完成人为毕粉粉、连超，第 4 章主要完成人为郝春旭、彭忱，第 5 章主要完成人为周全、董战峰，第 6 章主要完成人为龙凤、毕粉粉，第 7 章主要完成人为杜艳春、程翠云，第 8 章主要完成人为程翠云、宋祎川，第 9 章主要完成人为王青、李晓琼，第 10 章主要完成人为宋祎川、杜艳春，第 11 章主要完成人为李婕旦、贾真、杜艳春，全书由李娜核校。感谢生态环境部环境规划院相关研究人员对本书写作和出版的重要贡献，本书的出版离不开他们辛勤而又卓有成效的工作。

希望本书的出版可为生态环境有关政府部门管理人员、高校院所从事环境经济政策研究的专家学者，以及有关专业的研究生提供参考。由于编写人员的能力水平有限，以及资料占有的局限性，报告中的一些结论可能会存在争议，希望诸位同仁一起多加交流，也恳请广大读者批评指正！

董战峰

2022 年 2 月 18 日

执行摘要

2021年，是中国共产党成立100周年和“十四五”规划开启之年，环境经济政策的创新与改革形势发生了许多新变化，这给环境经济政策的发展带来了前所未有的挑战与机遇。生态保护补偿、绿色金融、环境资源价格、环境污染治理市场等政策取得积极进展，环境经济政策体系不断完善，为生态文明建设与生态环境质量持续改善提供了重要推动力，充分支撑、服务了宏观经济全面绿色低碳发展转型，在生态文明治理体系和治理能力现代化中的地位和作用更加凸显。

《中国环境经济政策发展报告2021》采取“自下而上”的方法，针对年度环境经济政策进展情况开展系统评估，评估对象包括我国正在实践的10项重点环境经济政策，涉及环境财政、环境资源价格、环境权益交易、生态保护补偿等，在分门别类进行系统评估的基础上，做出年度环境经济政策发展形势研判。

环境财政政策引导支持效果显著。环境污染治理投资总额由2010年的6 654.2亿元增加到2020年的10 638.9亿元，但占国内生产总值（GDP）的比重依然过低，由2012年的1.53%下降到2020年的1.05%，环境污染治理投资总额占GDP的比重呈下降趋势。中央财政持续加大生态环境保护投入力度，2021年中央财政生态环境保护投入较2020年增长10%。其中，大气污染防治专项资金275亿元，中央财政安排水污染防治专项资金217亿元，土壤污染防治专项资金44亿元，用于支持深入打好蓝天、碧水、净土保卫战，着力解决生态环境的突出问题。环保补贴政策方向也在逐步调整，涉及环保电价、新能源汽车、“双替代”

补贴等，2021 年新能源汽车补贴标准在 2020 年基础上退坡 20%，中央财政总计安排清洁取暖试点补助资金 73.4 亿元。

环境资源价格改革不断深入。2021 年我国进一步完善电价政策机制，完善了风电、光伏发电等新能源上网电价政策，对高耗能行业实行差别化电价政策，完善峰谷分时电价政策，引导用户错峰用电。国家发展改革委、住房和城乡建设部发布了《城镇供水定价成本监审办法》（国家发展改革委、住房和城乡建设部令　第 45 号），进一步规范了城镇供水价格管理。推动农业水价改革从局部试点示范向面上整体推进，地方农业水价改革取得明显成效，各地制定了相应的再生水价格管理政策。国家发展改革委发布《“十四五”时期深化价格机制改革行动方案》（发改价格〔2021〕689 号）等政策，推进电价机制改革，调整新能源上网电价政策，完善峰谷分时电价政策和居民阶梯电价政策，健全了阶梯电价和差别电价。污水处理收费机制不断完善，新疆、广州、贵州等地积极推动完善污水处理收费机制相关政策落地。非居民厨余垃圾处理计量收费制度全面推进，城镇生活垃圾收费政策体系进一步完善。

生态保护补偿制度改革深入推进。国家积极推动完善生态保护补偿机制。2021 年 9 月，中共中央办公厅、国务院办公厅印发《关于深化生态保护补偿制度改革的意见》，推进生态保护补偿制度建设，发挥生态保护补偿的政策导向作用，描绘了国家未来 15 年生态保护补偿制度的改革路线。加快推进湖泊生态保护补偿机制建设，加速实施地方流域横向生态保护补偿机制。2021 年中央财政下达重点生态功能区转移支付 881.90 亿元，进一步完善预算管理，提升资金使用效率。建立了长江全流域横向生态保护补偿机制，跨省流域横向生态保护补偿制度成效显现，出台实施了贵州省赤水河等流域生态保护横向补偿办法，建立黄河流域（四川—甘肃段）横向生态保护补偿制度、鲁豫省际黄河流域横向生态保护补偿机制。草原生态保护补助奖励政策取得阶段性成效，中央完善了湿地生态保护补偿政策并加大财政支持力度。

环境权益交易改革持续推进。全国自然资源资产基本情况已全面摸清，首次亮出了自然资源国有资产家底。截至 2021 年年底，宁夏、江西、江苏等全国大部分省（区、市）实施了排污权交易。2021 年部分地方通过启动排污权交易二级市场、制定排放权交易基准价格等方式推动了市场发展。2020 年 12 月，生态环境部印发的《碳排放权交易管理办法（试行）》（生态环境部令　第 19 号）正式实施，全国碳排放权交易市场正式启动。全国先后在 8 个地区开启了碳排放权交易试点，积极摸索碳排放权交易市场未来的发展机制与方向。2021 年水权交易成交单数总量相比 2020 年大幅增长，取水权交易和灌溉用水户水权交易的成交量较 2020 年大幅增长。2021 年全国水权交易规模为 1.59 亿元，较 2020 年有所下滑。用能权制度建设不断完善，交易量和交易规模进一步扩大。

绿色税收制度建设稳步推进。财政部公布的 1—11 月财政收支情况显示，环境保护税征收额为 201 亿元，同比下降 1.9%。2021 年 4 月，生态环境部等部门联合印发《关于发布计算环境保护税应税污染物排放量的排污系数和物料衡算方法的公告》（生态环境部、财政部、税务总局公告　2021 年第 16 号），就环境保护税应税污染物排放量的计算方法做了进一步完善，提高了环境保护税政策适用的确定性。绿色发展减税效应显见成效，财政部 1—11 月财政收支显示，资源税征收额为 2 138 亿元，同比增长 33.6%。推进税务领域“放管服”改革，发布了《关于简并税费申报有关事项的公告》（国家税务总局公告　2021 年第 9 号），决定全面推行财产和行为税合并申报。

绿色金融产品不断推新。推动建立国内绿色债券市场统一标准。绿色信贷保持较快增长，截至 2021 年第三季度末，本外币绿色贷款余额

14.78 万亿元，同比增长 27.9%。2021 年前三季度在全国产业低碳转型的背景下，绿色金融政策持续加强对绿色项目支持，绿色金融债券发行规模达 3 527.5 亿元。上海市加速打造国际绿色金融枢纽，公布了首份绿色金融专门文件；地方绿色金融试验区工作成效显著。气候投融资地方试点工作正式启动，碳金融发展步入“快车道”。

环境污染治理市场政策全面发力。社会资本合作（PPP）模式与第三方治理体系在投融资与绩效管理等方面继续完善、不断稳固，新建生态环境导向的开发（EOD）模式并大力推进自然资源与生态产品的资本化与市场化，在很大程度上提高了生态环境保护与修复领域的“供血能力”。气候变化与环境污染治理领域 PPP 项目投融资机制不断完善，PPP 项目绩效管理能力不断增强，生态环境治理仍是 PPP 的重点领域。据财政部 PPP 中心统计，截至 2021 年 11 月，生态建设和环境保护类新入库项目 44 个，新入库项目投资额 470 亿元；PPP 管理库内生态建设和环境保护类累计项目数 961 个，投资额达到 10 755 亿元。积极发展创新环境污染第三方治理模式，探索开展“环境综合治理托管”“环境医院”“环保管家”“环境顾问”等服务模式。

生态产品价值实现探索不断深入。国家明确建立健全生态产品价值实现机制的相关要求。浙江省丽水市云和县发布全市首个康养指数，重庆市推进“碳中和”生态产品价值实现机制。多地推进自然资源资产负债表试填试点，生态环境资产核算工作取得新突破，走向标准化、制度化，环境损害赔偿制度进一步健全，推动环境资源价值核算政策体系深入实施。

行业环境经济政策研究蓬勃开展。2021年环境信息依法披露工作取得突破性进展，生态环境部陆续印发《环境信息依法披露制度改革方案》（环综合〔2021〕43号）、《企业环境信息依法披露管理办法》（生态环境

部令 第24号）和《企业环境信息依法披露格式准则》（环办综合〔2021〕32号）。生态环境部办公厅印发了《环境保护综合名录（2021年版）》（环办综合函〔2021〕495号），新增阳离子淀粉、氟化氢等47项“双高”产品、丁二酸的清洁电化学法工艺等35项“双高”产品除外工艺和土壤淋洗设备等7项土壤污染防治设备。生态环境部、商务部、海关总署联合修订《中国进出口受控消耗臭氧层物质名录》，增加了R410A、R407C、R404A 等19个氢氟烃（HFCs）及其混合物的商品编码，完善了消耗臭氧层物质（ODS）及其混合物的商品编码。环保、能效、水效“领跑者”制度进一步完善与落实，全国环境信用评价工作稳步推进，我国大陆地区除北京市外，共有30个省（区、市）开展了企业环境信用评级工作。

总体来看，环境经济政策为深入打好污染防治攻坚战提供了动力保障，有效支撑、服务了高质量发展，助推美丽中国建设。一是新形势为环境经济政策改革提供了新的挑战与创新空间。为了实现“双碳”目标，环境经济政策的范围进一步拓展到了协同、促进减污降碳等方面，国际上碳减排政策新形势也对我国在基于世界贸易组织（WTO）国际贸易规则框架下如何发挥市场经济政策的作用提出了新诉求。污染防治攻坚战的深入推进，生态环境质量的持续改善，协同推进高质量发展与高水平保护，进一步打通生态产品价值转换的政策“堵点”等，对环境经济政策的创新与应用提出了更高的要求，为环境经济政策的完善与实践探索提供了前所未有的机遇和挑战。二是环境经济政策体系进一步健全。绿色税收、绿色金融等多项环境经济政策改革在稳步推进，生态保护补偿、碳排放权交易等政策在探索深化，促进了生态产品价值的实现，广泛吸引了社会资本，为生态环境保护提供了长效机制和资金保障，为结构调整和全面绿色发展转型提供了动力。三是重点领域环境经济政策改革与创新进一步深化。中央财政持续加大生态环境资金的投入，推动突出生态环境问题的解决，发挥了重要的资金投入引导和市场拉动效应，同时促进了生态环境保护产业的发展。生态保护补偿制度探索不断深化，成为生态产品价值实现机制的重要举措。环境权益交易制度改革持续推进，全国碳排放权交易市场正式启动，水权、用能权制度建设不断完善，交易量和交易规模进一步扩大。绿色金融政策支持绿色发展和生态环境保护的力度前所未有，EOD 模式等新型生态环境治理项目融资模式在探索中前行，环境信息依法披露工作取得里程碑式进展。四是环境经济政策对经济过程关键环节的调节作用进一步加强。环境资源价格改革不断深入，水价、电价等相关价格政策取得积极进展，污水处理收费机制不断完善，非居民厨余垃圾处理计量收费制度开始推进，城镇生活垃圾收费政策进一步完善。稳步推进绿色税收制度和绿色金融政策建设，各类绿色金融产品不断推新，为绿色产业发展奠定坚实基础。环保、能效、水效“领跑者”制度进一步制定与落实，引导激励积极开展节能环保技术创新、清洁生产等，助推全面绿色低碳转型发展。

另外，面对“双碳”战略、结构调整、质量改善、多元化治理等需求，依然存在环境经济政策供给不足的问题，未充分实现对生态环境开发利用、保护和改善的全方位调控，支撑、服务全面绿色低碳发展转型的政策供给力度还有待加强。随着我国生态环境保护工作的不断深入推进，多阶段、多领域、多类型的生态环境问题交织，我们需要更加强调环境经济政策的科学性、经济性和制度化建设，需要进一步理顺行政和市场手段这两只“看得见的手”与“看不见的手”之间的关系，加大环境经济政策创新力度，实施系统设计、综合调控、集成应用，在环境治理体系和治理能力现代化建设中发挥重要作用。

Executive Summary

The year of 2021 is the 100th anniversary of the Communist Party of China and the first year of the 14th Five-Year Plan period, and the innovation and reform in environmental economic policy has new changes in many aspects, which brings unprecedented challenges and opportunities for the development of environmental economic policy. Positive progress has been made in policies of ecological compensation, green finance, resource pricing and marketized harnessing of environmental pollution, and the environmental economic policy system has been improved and optimized, which drives the construction of ecological civilization and the continuous improvement of ecological and environmental quality, fully supports the green and low-carbon transformation of the macro economy, and highlights its role in the modernization of the ecological civilization governance system and governance capacity.

A "bottom-up" approach is adopted in the *Chinese Report on Environmental Economic Policy* 2021 to systematically assess the progress of environmental economic policies in the year, including 10 key environmental economic policies in practice in China, in areas of environmental finance, environmental pricing, environmental rights and interests, and ecological compensation, with a systematic assessment by category, so as to identify the state of play on the development of environmental economic policies in 2021.

The guidance and support of environmental economic policies is effective.

The total investment in environmental pollution control increases from 665.42 billion yuan in 2010 to 106.389 billion yuan in 2020，but still takes a small part of gross domestic product（GDP），from 1.53% in 2012 to 1.05% in 2020，and the total investment in environmental pollution control as a percentage of GDP is on a decreasing trend. The central government continues to increase its investment in ecological and environmental protection，which raises by 10% in 2021 against 2020. In between，the central government's special funds for water，air and soil pollution prevention and control are 21.7 billion yuan，27.5 billion yuan，and 4.4 billion yuan，respectively，to ensure water，air and soil quality and solve challenging ecological and environmental issues. The policy direction of environmental subsidies is gradually shifting，including the environmental protection electricity price policy，electronic vehicles（EVs），and the policy on subsidies to replacement on polluted energy by clean energy，the subsidy standards on EVs reduces by 20% in 2021 on the basis of 2020. The central government funds invest a total of 7.34 billion yuan in heating pilots by clean energy.

Reform on the prices of environmental resources continues to deepen. The government further improves the electricity pricing system，as well as the pricing on electricity generated by wind power and photovoltaic power and the hierarchical pricing system for highly energy-consuming industries，and optimizes the electricity pricing system based on the time of use to guide residents to balance their use of electricity. The *Supervision and Review Measures on the Pricing and Cost of Water Supply in Urban Areas* was released，with the administration to water prices in cities and towns further standardized. Local pilots and demonstrations of the pricing reform on agriculture water use will be expanded to all other regions. Local reforms on the pricing of agriculture water use has achieved significant results, with local governments making policies on the administration of the pricing of re-generated water. China issued the *Action Plan to Deepen the Reform on Pricing Mechanism in the* 14th *Five-Year Plan Period* to promote the reform on the electricity pricing. The pricing policy of electricity generated by clean energy, and the time-of-use pricing policy are adjusted to perfect the tiered and differential pricing system. The charging system on sewage treatment continues to improve, with Xinjiang, Guangzhou and Guizhou's implementation on related policies. A charging system for the disposal of non-resident food waste based on its measurement is fully promoted, and the charging system of domestic waste in urban areas is further improved.

Reform on the ecological compensation is in progress. China actively promotes the improvement of the compensation mechanism for ecological protection . In September 2021, the General Office of the Central Committee of the Communist Party of China, and the General Office of the State Council issued the *Opinions on Deepening the Reform of Ecological Protection Compensation System* to promote the construction of ecological protection compensation system and play its role in policy-making, mapping China's reform route for ecological protection compensation system in the next 15 years. The construction of ecological protection compensation mechanism for lakes, and the implementation of horizontal ecological compensation mechanism for local watersheds will be accelerated. In 2021, the central government asks local governments to hold responsible to the payment of 88.190 billion yuan in major ecologically functional areas to further improve budget management and enhance the efficiency of fund use. The whole Yangtze River basin has established a horizontal ecological protection compensation mechanism. The horizontal ecological compensation system in cross-province watersheds shows positive results. The measures on the horizontal compensation for ecological protection in Chishui River of Guizhou Province was implemented, and a horizontal ecological compensation system was established in Sichuan-Gansu basin of the Yellow River. Shandong and Henan established an inter-provincial horizontal ecological compensation mechanism of the Yellow River basin. The incentive policy on subsidies to ecological protection in grasslands has achieved results in part, and the central government improves the policies on ecological compensation for wetlands and increases financial support.

Reform on the trading of environmental rights and interests continues to advance. The state of play on China's natural resources has been fully mapped out, and it is the first time to publicize the volume of state-owned natural resources. As of the end of 2021, most provinces in China, including Ningxia, Jiangxi and Jiangsu, had implemented emissions trading. In 2021, some local governments have launched secondary markets for emissions trading and developing benchmark prices. In December, 2020, the *National Measures on the Administration to Carbon Emission Trading (Trial)* officially took effect and the national carbon emission trading market was officially launched. China has developed carbon emission trading pilot projects in eight regions, and actively explored the mechanism and direction of the carbon trading market in future. The total volume of water rights trading in 2021 has increased significantly against 2020, and the number of rights trading on water use and trading of farmers for irrigation have increased significantly compared to 2020. The national water rights trading scale in 2021 reaches 159 million yuan, with a decline from 2020. The construction of the energy-use rights system has been improved, and the volume and scale of trading have been further expanded.

Construction of green taxation system is in steady progress. The Ministry of Finance announced the report of fiscal revenues and expenditures from January to November, which shows that environmental protection tax collections amounted to 20.1 billion yuan, down 1.9% year-on-year. In April, 2021, the Ministry of Ecology and Environment, the Ministry of Finance and the State Taxation Administration jointly issued the *Announcement on the Issuance of Emission Factors and Material Measurement Methods for Calculating Emissions of Taxable Pollutants for Environmental Protection Tax*, which further improves the calculation methods of emissions of taxable pollutants for environmental protection tax and increases the certainty of the application of related tax policies. The effect of tax reduction for green development is showing results, and the financial revenue and expenditure report of the Ministry of Finance from January to November shows that the amount of resource tax collected is 213.8 billion yuan in the period, with an increase of 33.6% year-on-year. In order to promote the reforms to delegate power, streamline administration and optimize government services, the *Announcement on Matters Relating to the Simplification to Tax Returns* is promulgated, which decides to fully implement the integrated declaration of property and behavior tax.

Green financial products are being developed. Promote coordinated standards in the domestic green bond market. Green credit has maintained rapid growth, with the balance of green loans in domestic and foreign currency at 14.78 trillion yuan at the end of the 3rd quarter of 2021, up 27.9% year-on-year. In the first three quarters of 2021 when all industries are in the progress of low-carbon transformation, green finance continues to strengthen policy support for green projects, with an scale of 352.75 billion yuan. Shanghai has accelerated its building of an international green finance center and published the first special document on green finance. Results have been achieved in local pilot zones for green finance. Local pilot projects for climate investment and financing have been officially launched, and the development of carbon finance moves to the fast track.

Market policy on environmental pollution treatment is developing in all terms. A Public-Private Partnership (PPP) and the third-party governance system continue to develop in terms of investment, financing and performance management. The new Ecology-Oriented Development (EOD) vigorously promotes the capitalization and marketization of natural resources and ecological products, which has largely improved the capabilities of ecological environmental protection and restoration. The investment and financing mechanism of PPP projects in the field of climate change and environmental pollution management has been improved. The performance management capabilities of PPP projects have been strengthened, and ecological and environmental management is still a key area of PPP. According to the PPP Center of the Ministry of Finance, as of November 2021, 44 new projects in the category of ecological construction and environmental protection have been registered, and the investment of new projects in the category reaches 47 billion yuan. The PPP base has 961 projects for ecological construction and environmental protection, with an investment of 1,075.5 billion yuan. It should actively develop innovative third-party management systems of environmental pollution, and explore the development of integrated environmental management trusteeship , environmental hospitals , environmental stewardship , environmental consultants and other services.

Realization of the value of ecological products continues to develop. China has clear requirements to establish a sound mechanism for realizing the value of ecological products. Yunhe County, Lishui City, Zhejiang Province, released the city's first rehabilitation and healthcare index, and Chongqing City promoted the Carbon Neutrality realization mechanism for the value of ecological products. Many regions develop pilots for making balance sheets on natural resources, and new breakthroughs have been made in ecological and environmental assets measurement, with a move towards standardization and institutionalization. The environmental damage compensation system has been further improved, and the accounting system for the value of environmental resources has been extensively implemented .

Environmental economic policies for industries are developing. In 2021, a breakthrough was made in the legal disclosure of environmental information, with the successive issuance of the *Reform Plan for the Legal Disclosure System of Environmental Information* , the *Administrative Measures for the Legal Disclosure of Enterprise Environmental Information* and the *Guidelines for the Format of Legal Disclosure of Enterprise*

Environmental Information. The General Office of the Ministry of Ecology and Environment issued the *Comprehensive List of Environmental Protection* (2021 *Edition*), with 47 high energy-consuming and high-pollution items, including cationic starch and hydrogen fluoride, 35 high energy-consuming and high-pollution techniques for product external treatment, including the clean electro chemical process of succinic acid, and 7 soil pollution control equipment, including the drenching equipment, added . The China's *Controlled List of Ozone Depleting Substances in Import and Export* was released, and added the commodity codes of 19 HFCs and their blends, including R410A, R407C and R404A, which improved the commodity codes system of ODS and their blends. The Enterprise Standard Leader System for environmental protection, energy efficiency and water efficiency has been further developed and implemented, and the national environmental credit evaluation has been steadily promoted. All 31 provinces (autonomous regions and municipalities) in Chinese mainland, except Beijing, have carried out evaluation for enterprise environmental credit.

Overall, environmental economic policies for the fight against pollution continue to provide the power to ensure that effective supports and services are provided for high-quality development, and a beautiful China is being constructed in a faster manner. First, the new state of play provides new challenges and innovative space for the reform on environmental economic policies. In the context of achieving the goals of carbon peak and carbon neutrality, the scope of environmental economic policy has been further expanded to the coordination of pollution control and carbon reduction. The new global state of play on carbon emission reduction policies has also put forward new demands on how China can play the role of market and economic policies to give effective responses in the framework of WTO international trade rules. The deepening of the battle of pollution prevention and control, the continuous improvement of ecological and environmental quality, the coordinated promotion of high-quality development and high-level protection, and the further breaking of policy "blockages" in the conversion of ecological product values have put forward higher requirements for the innovation and application of environmental economic policies, and provided an unprecedented opportunity and challenge for the development and practical exploration of environmental economic policies. It provides unprecedented opportunities and challenges for the development and practical exploration of environmental economic policies. Second, the environmental economic policy system has been further improved. Multiple reforms on environmental economic policy, including green taxation and green finance, are steadily advancing, and policies such as ecological compensation and carbon trading are being explored and deepened, which promotes the realization of the value of ecological products, and widely appeals to social investment, to develop a long-term mechanism and give financial guarantee for ecological environmental protection, and to provide power for the structural adjustment and the overall transformation to green development. Third, reform and innovation in key areas of environmental economic policy have been further developed. The central government has continued to increase investment in ecological and environmental funds to solve prominent problems, which has played an important role in attracting funds in the market，and in the development of industries for ecological and environmental protection. The ecological compensation system has been further explored，and has become an important means to realize the value of ecological products. Reforms on the trading system of environmental rights and interests continues to advance，and the national market for carbon emission rights has been officially launched. The water and energy rights system continues to be improved，with an increase in the volume and scale of trading. Green finance policies support green development and ecological environmental protection like never before，and new financing systems for ecological and environmental management projects，such as the EOD system，are being explored. Progresses have been made in the legal disclosure of environmental information. Fourth，the regulation role of environmental economic policy in key economic activities has been further strengthened. Reforms on the pricing system of ecological and environmental resources continues to develop，and big progresses have been made in pricing policies of water and electricity. The charing system of sewage treatment keeps improving. The measurement-based charging system on the treatment of non-resident food waste starts to get promoted，and the charging system for domestic sewages in urban areas has been further optimized，the green taxation system and green financial policies have been steadily promoted，and various green financial products have been pushed forward，which lays a solid foundation for the development of green industries. The Enterprise Standard Leader System for environmental protection，energy efficiency，and water efficiency are on an ongoing development and implementation，to encourage the active innovation in energy saving and environmental protection technology, as well as clean production, and to promote the overall green and low-carbon transformation and development.

On the other hand, the development of environmental economic policy, carbon peak and neutrality strategy, structural adjustment, quality improvement, and multi-governance are still insufficient with policy support, and have not fully realized the full range of regulation of ecological and environmental development and utilization, protection and improvement. Policy support to the overall green and low-carbon transformation and development still needs to be strengthened. As China's ecological environmental protection continues to advance, multi-phase, cross-field, multi-type ecological and environmental problems are intertwined, which requires more efforts to put on the scientific, economic and institutionalized construction of environmental economic policies, and on the need to further rationalize the relationship between the government and the market, by means of enhancing the innovation of environmental economic policy, and the implementation of systematic design, comprehensive regulation and integrated application, to play an important role in the modernization of environmental governance system and governance capacities.

目录

1 1 环境经济政策发展形势研判
1 1.1 当前形势
3 1.2 存在的主要问题
4 1.3 结论与展望
7 2 绿色财政政策
7 2.1 环保预算支出
8 2.2 环境污染治理投资
9 2.3 环保专项资金
17 2.4 环境补贴政策
26 2.5 政府绿色采购
26 2.6 小结
29 3 环境资源价格政策
29 3.1 水价政策
33 3.2 电价政策
35 3.3 其他资源型产品价格政策
36 3.4 环境污染治理收费政策
38 3.5 小结
42 4 生态保护补偿政策
42 4.1 生态保护补偿政策总体进展
43 4.2 生态综合补偿

目录

46 4.3 区域性生态保护补偿
51 4.4 流域生态保护补偿
55 4.5 其他领域生态保护补偿
65 4.6 小结
70 5 环境权益交易政策
70 5.1 自然资源产权交易进展
72 5.2 排污权交易进展
74 5.3 碳排放权交易进展
79 5.4 水权交易进展
83 5.5 用能权交易进展
85 5.6 小结
93 6 绿色税收政策
93 6.1 环境保护税
94 6.2 资源税
96 6.3 其他环境相关税收政策
98 6.4 小结
103 7 绿色金融政策
103 7.1 绿色金融宏观支持政策频出
106 7.2 绿色金融产品不断创新
108 7.3 气候金融政策力度加大

目录

110 7.4 涌现出一批绿色金融典型案例
113 7.5 小结
118 8 环境污染治理市场政策
118 8.1 环保 PPP 政策逐渐健全
120 8.2 环境污染第三方治理模式广为推行
120 8.3 EOD 模式不断创新与应用
123 8.4 小结
126 9 环境与贸易政策
126 9.1 WTO 框架下环境议题
127 9.2 碳边境调节机制
128 9.3 禁止进口固体废物
129 9.4 小结
132 10 环境资源价值核算政策
132 10.1 生态产品价值形成机制试点
133 10.2 自然资源资产负债表
134 10.3 生态环境资产核算试点
136 10.4 环境损害赔偿
138 10.5 小结
141 11 行业环境经济政策
141 11.1 环境保护综合名录及生态环保相关清单

目录

143 11.2 环境信息依法披露
144 11.3 节能环保“领跑者”
163 11.4 绿色供应链管理
166 11.5 环境信用
172 11.6 小结
175 附 录
190 参考文献

1 环境经济政策发展形势研判

1.1 当前形势

2021 年是党和国家历史上具有里程碑意义的一年：中国共产党迎来建党 100 周年，党的十九届六中全会通过了中国共产党“第三个历史决议”，第一个百年奋斗目标胜利实现，全面建成小康社会，开启全面建设社会主义现代化国家、向着第二个百年奋斗目标进军的新征程。

国际复杂多变的宏观局势为环境经济政策营造发展环境。随着中美贸易摩擦、气候变化、新冠肺炎疫情、俄乌战争等一系列国际形势的变化，“不确定性”成为当前时期的重要特征。当前国际局势呈现大国竞争加剧的趋势，随着中国、美国和欧洲部分国家的综合实力持续接近，多极化是国际格局发展的大势所趋。国际格局继续保持东升西降之势，中国有效应对大国博弈、深度参与全球治理的能力与意愿持续增加。但是中美贸易摩擦也暴露了我国工业化根基尚不牢固的问题，工业增加值率、产品质量和品牌建设等仍处于较低水平。尽管新冠肺炎疫情肆虐、经济低迷，气候行动仍然是 2021 年国际议程中的首要议题。自2020年以来，气候变化并未因新冠肺炎疫情而止步，频繁发生的极端气候事件威胁粮食安全、加剧了贫困与不平，助长了疫病蔓延。国际气候变化形势和能源格局对我国能源安全战略形成持续考验，我国以煤炭为主的能源结构难以在短期内发生根本改变，散煤燃烧、煤炭加工转换率不高等问题仍将存在。环境贸易政策、环境价格政策等环境经济政策亟须更充分地发挥激励作用。

国家稳中求进的经济社会发展总基调为深化环境经济政策改革提供动力引擎。受新冠肺炎疫情冲击，我国经济发展面临“需求收缩、供给冲击、预期转弱”三重压力。我国扎实做好“六稳六保”工作的同时，生态环境质量决不能下降，这给环境经济政策的制定带来了一定压力，我国需要面对形势变化做出灵活调整，更需要符合时代特性，明确环境经济政策的改革思路与方向。我国经济稳中向好、长期向好的基本面没有改变，韧性足、潜力大、空间广的特点没有改变。2021年中国经济稳中有进，经济总量迈上110万亿元新台阶，达到114.367万亿元。扩大内需战略深入实施，内需对经济贡献率接近80%，构成了中国经济稳如磐石的坚实底座。环境经济政策运用经济手段打通生产与消费之间的通道，为国家经济社会发展营造了良好环境。

生态环境保护及生态文明建设对环境经济政策运用提出迫切需求。深入打好污染防治攻坚战意味着污染防治触及的矛盾问题层次更深、领域更广、要求更高，减污与降碳、城市与农村、细颗粒物（$PM_{2.5}$）和臭氧、水环境治理与水生态保护、新污染物治理与传统污染物防治等工作交织，问题更加复杂，难度和挑战前所未有。我国生态保护补偿、绿色金融、环境资源价格、环境污染治理市场等政策取得积极进展，为生态文明建设与生态环境质量持续改善提供了重要推动力，充分支撑、服务了宏观经济全面绿色低碳发展转型，在生态文明治理体系和治理能力现代化中的地位与作用更加凸显。但是我国生态环境保护依然面临多种形势叠加的局面，协同推进经济高质量发展和生态环境高水平保护的要求更加迫切，生态文明建设和生态环境保护仍处于攻坚克难、负重前行的关键期，美丽中国和生态文明建设对环境经济政策改革创新提出了新需求，环境质量持续改善对环境经济政策改革创新提出了新挑战，环境经济政策体系建设尚需要通过改革创新再上新台阶。

1.2 存在的主要问题

目前，环境经济政策在生态环境保护工作中的动力作用还有待强化，在持续改善生态环境质量、深入调整产业结构、充分发挥多元化治理主体功能等现代环境治理与生态文明建设需求方面依然存在政策供给不足的问题，经济政策未充分实现对生态环境开发利用、保护和改善的全方位高效调控，政策调节效能还存在较大潜力空间，政策统筹实施与配套能力建设有待进一步加强等。现阶段，生态环境保护管理工作以行政手段为主，市场机制不健全造成环境外部成本不具有经济性，生态保护补偿、绿色金融等环境经济政策不健全。

一是生态环境财政支出水平和支出效率有待进一步加强。财政投入总量与生态环境治理资金需求之间仍有很大差距，新冠肺炎疫情对经济社会的冲击仍在加深，环保投入资金保障的压力增大。环境投资统计口径亟须适应生态环境保护工作的新进展。二是环境资源价格制度有待进一步理顺。目前未因碳排放、温室气体排放等排放标准对高耗能企业生产进行调控，无法适应“双碳”[①]目标要求。资源稀缺价值、污染治理成本没有充分体现在水价政策制定目标中，价格工具的环境行为调节功能发挥不到位。三是生态保护补偿政策不完善。横向补偿需要进一步加

① “双碳”为“碳达峰”和“碳中和”的简称。

强；市场化、多元化补偿机制有待进一步强化；补偿标准有待进一步科学量化；生态保护补偿实施的法律基础还没有解决，仍存在包括生态保护红线在内的空间生态保护补偿机制不健全，补偿范围偏小、标准偏低，保护者和受益者良性互动的体制机制尚不完善，发展权益公平导向的可持续生态保护补偿长效机制不完善等问题。四是环境权益交易制度不完善。自然资源产权政策存在产权交易定价、准入和分配机制不健全等问题；排污权交易试点工作的开展局限于省市层面，导致市场规模有限，交易市场的活跃性不够；碳市场存在结构单一、碳交易产品类型单一，信息披露、市场监管机制不健全，配额分配方式和配额方法不完善等问题；用能权交易依然存在跨区域交易机制不顺畅，企业能源统计和核算方法不统一，用能权存量交易实施难度大等问题。五是环境保护税的调节激励作用有待进一步加强，环境保护税调控范围较窄、调控力度不足；资源税收费标准过低，对生态环境价值考虑不足，增值税优惠条件较为严苛，消费税征收范围过窄，难以有效调控消费行为。六是绿色金融在支撑实现“双碳”目标、持续推进生态环境质量改善中还面临诸多困难，如标准有待完善、市场回报机制不健全、绿色金融产品有待创新。七是环境污染治理市场政策尚未健全。社会资本在参与环境保护项目的招标和审查过程中面临门槛过高的问题，无法大规模参与生态环境保护高技术领域的投资。EOD 模式行业跨度大，生态环境治理修复和生态网络构建需要专业的环保机构完成，其模式应用还需要进一步探索。

1.3 结论与展望

总体来看，环境经济政策为深入打好污染防治攻坚战持续提供动力保障，有效支撑、服务了高质量发展，助推美丽中国建设。

一是新形势为环境经济政策改革提供了新的挑战与创新空间。在

“双碳”目标背景下，环境经济政策范围进一步拓展，涵盖了协同、促进减污降碳等方面。国际上碳减排政策也对我国在基于 WTO 国际贸易规则框架下如何发挥市场经济政策作用提出了新诉求。污染防治攻坚战的深入推进，生态环境质量的持续改善，协同推进高质量发展与高水平保护，进一步打通生态产品价值转换的政策“堵点”等，对环境经济政策的创新与应用提出了更高的要求，为环境经济政策的发展与实践探索提供了前所未有的机遇和挑战。

二是环境经济政策体系进一步健全。绿色税收、绿色金融等多项环境经济政策改革稳步推进，生态保护补偿、碳排放权交易等政策在探索深化，促进了生态产品价值实现，广泛吸引了社会资本，为生态环境保护提供了长效机制和资金保障，为结构调整和全面绿色发展转型提供了动力。

三是重点领域环境经济政策改革与创新进一步深化。中央财政持续加大生态环境资金的投入，推动突出生态环境问题解决，发挥了重要的资金投入引导和市场拉动效应，促进了生态环境保护产业的发展。生态保护补偿制度探索不断深化，成为生态产品价值实现机制的重要举措。环境权益交易制度改革持续推进，全国碳排放权交易市场正式启动，水权、用能权制度建设不断完善，交易量和交易规模进一步扩大。绿色金融政策支持绿色发展和生态环境保护力度前所未有，EOD 模式等新型生态环境治理项目融资模式在探索前行，环境信息依法披露工作取得里程碑式进展。

四是关键环节环境经济政策调节作用进一步加强。生态环境资源价格改革不断深入，水价、电价等相关价格政策取得积极进展，污水处理收费机制不断完善，非居民厨余垃圾处理计量收费制度开始推进，城镇生活垃圾收费政策进一步完善。稳步推进绿色税收制度和绿色金融政策建设，各类绿色金融产品不断推新，为绿色产业发展奠定坚实基础。环保、能效、水效“领跑者”制度进一步完善与落实，引导激励积极开展技术创新、清洁生产、污染治理，助推绿色发展。

同时，虽然我国财税、补贴、补偿、金融等环境经济政策在生态环境保护工作中发挥的作用越来越显著，生态环境开发、利用、保护和改善的市场经济政策长效机制在逐步健全，但是与“双碳”战略、结构调整、质量改善、多元治理等的需求依然存在政策供给不足等问题，经济政策未充分实现对生态环境开发、利用、保护和改善的全方位调控，支撑、服务全面绿色低碳发展转型的政策供给力度不足等。随着我国生态环境保护工作的不断深入推进，多阶段、多领域、多类型的生态环境问题交织，需要更加强调环境经济政策的科学性、经济性和制度化建设，需要进一步理顺行政和市场手段这两只“看得见的手”与“看不见的手”之间的关系，加大环境经济政策创新力度，实施系统设计、综合调控、集成应用，在环境治理体系和治理能力现代化建设中发挥重要作用。

2

绿色财政政策

2.1 环保预算支出

“十三五”期间节能环保预算支出执行数呈下降趋势。2021 年 3 月，财政部公布了 2021 年中央财政预算，2021 年中央本级支出预算数为 35 015 亿元，比 2020 年执行数减少 57.2 亿元，下降 0.2%。其中节能环保支出预算数为 228.6 亿元，比 2020 年执行数减少 115.66 亿元，下降 33.6%；比 2016 年执行数减少 66.89 亿元，下降 22.6%。能源节约利用、污染减排、能源管理事务等支出预算数减少较多（图 2-1），比 2020 年执行数分别减少 2.45 亿元、5.93 亿元、2.31 亿元，分别下降 43.2%、28.9%、28%，主要是落实“过紧日子”要求，压减了非刚性、非重点项目支出；2021 年可再生能源支出预算数比 2020 年执行数减少 5.71 亿元，下降了 91.2%，主要是 2020 年执行中安排了清洁能源发展专项支出，而 2021 年年初预算没有安排；退耕还林还草支出预算数比 2020 年执行数增加 0.39 亿元，增长 34.5%，主要是新疆生产建设兵团退耕还林还草支出增加。

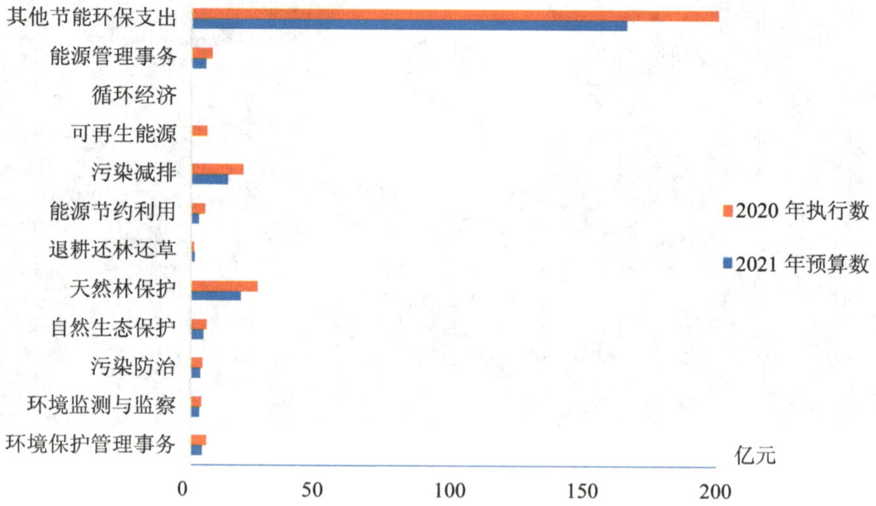

图 2-1 2021 年节能环保支出预算情况①

2.2 环境污染治理投资

“十三五”期间，环境污染治理投资总量占国内生产总值（GDP）比重逐渐降低。持续而稳定的环保投入为各项环保工作的有效开展提供了有力的保障。尽管财政投入不断增加，但环保投入总量不足，环境污染治理投资总额（包括老工业污染源治理投资、建设项目竣工环境保护验收环保投资、城市环境基础设施建设投资）由 2010 年的 6 654.2 亿元增加到 2019 年的 9 151.9 亿元（图 2-2），但占 GDP 的比重依然过低，从 2010 年的 1.9%下降到 2019 年 0.9%，下降了 1 个百分点。尽管环保投入统计口径的合理性存在一定问题，但根据国际经验，当治理环境的投资占 GDP 的比重达到 1%～1.5%时，可以在一定程度上遏制环境的进

① 数据来源：财政部，关于 2021 年中央本级支出预算的说明。

一步恶化，当达到 2%～3%时，环境质量会有所改善。这在一定程度上表明，环境污染治理投资仍需加大。

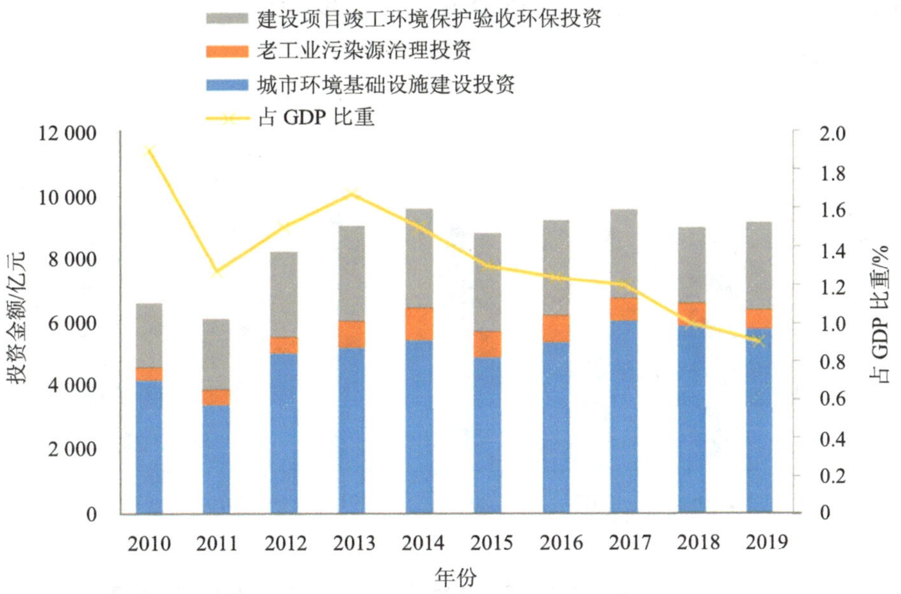

图 2-2　2010—2019 年我国环境污染治理投资结构情况①

2.3 环保专项资金

2021 年，中央财政安排水污染防治专项资金 217 亿元，较上年增加 10%。自 2016 年以来，中央财政水污染防治专项资金逐年增加（2017 年除外）（图 2-3、表 2-1），主要支持重点省份开展重点流域水污染防治、集中式饮用水水源地保护、地下水环境保护及污染修复、良好水体（湖泊）保护等生态环境保护工作，实现重点流域水质达标断面个数有所增

① 数据来源：生态环境部，《中国生态环境统计年报（2010—2019 年）》。

加，饮用水水源地水质稳中向好，地下水水质保持稳定；支持长江经济带、黄河流域生态环境保护，建立汀江—韩江流域、东江流域、引滦入津横向生态保护补偿机制，促进流域水质逐步提高。

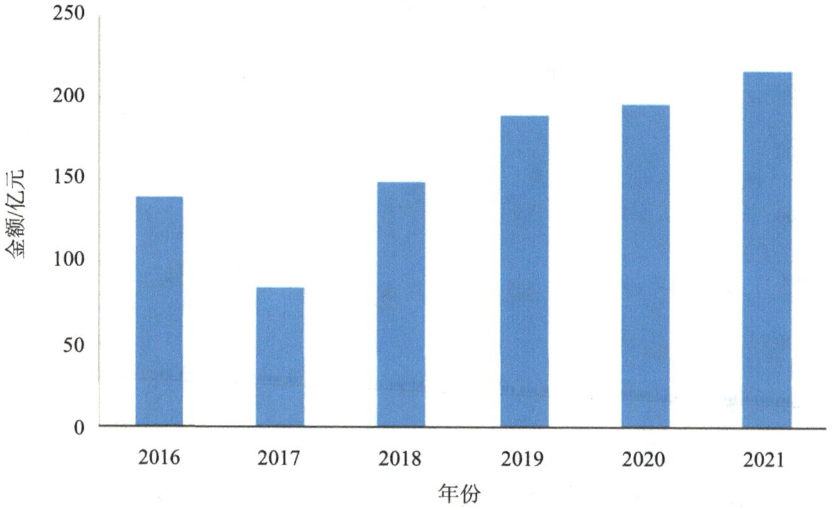

图 2-3 “十三五”时期及 2021 年水污染防治专项资金情况

表 2-1 “十三五”时期及 2021 年各省（区、市）水污染防治专项资金安排

单位：万元

序号	省（区、市）	“十三五”时期合计	2021 年
1	北京	59 153	21 460
2	天津	158 228	13 020
3	河北	568 397	80 460
4	山西	128 600	120 310
5	内蒙古	236 650	60 260
6	辽宁	142 790	31 200
7	吉林	69 031	22 920

序号	省（区、市）	“十三五”时期合计	2021 年
8	黑龙江	117 281	30 620
9	上海	68 500	—
10	江苏	288 163	56 460
11	浙江	295 965	58 050
12	安徽	498 503	97 600
13	福建	160 304	36 370
14	江西	364 442	116 940
15	山东	512 696	89 880
16	河南	286 346	100 630
17	湖北	510 548	148 300
18	湖南	443 084	115 670
19	广东	226 850	41 070
20	广西	121 957	33 080
21	海南	39 012	20 620
22	重庆	255 669	34 890
23	四川	514 824	126 960
24	贵州	307 548	72 540
25	云南	425 326	103 170
26	西藏	122 764	70 660
27	陕西	156 685	106 720
28	甘肃	233 659	71 680
29	青海	307 089	211 570
30	宁夏	113 737	47 780
31	新疆	96 199	29 110

2021 年中央财政安排大气污染防治专项资金 275 亿元，较上年增加 10%。自 2013 年大气污染物减排专项资金设立以来，中央财政大气污染防治专项资金逐年增加（图 2-4），重点支持北方地区冬季清洁取暖、工业污染深度治理、移动源污染防治等工作，推动产业结构、能源结构、运输结构不断优化调整，促进全国环境空气质量持续改善，助力打赢蓝天保卫战。支持氢氟碳化物处置，推进削减温室气体排放。大气污染防治工作取得了明显成效，煤炭消费量占能源消费总量的比重由 2010 年的 70.2%下降到 2020 年的 56.8%，清洁能源消费占比由 2011 年的 13.0%提升到 2020 年的 24.3%[①]（图 2-5）。

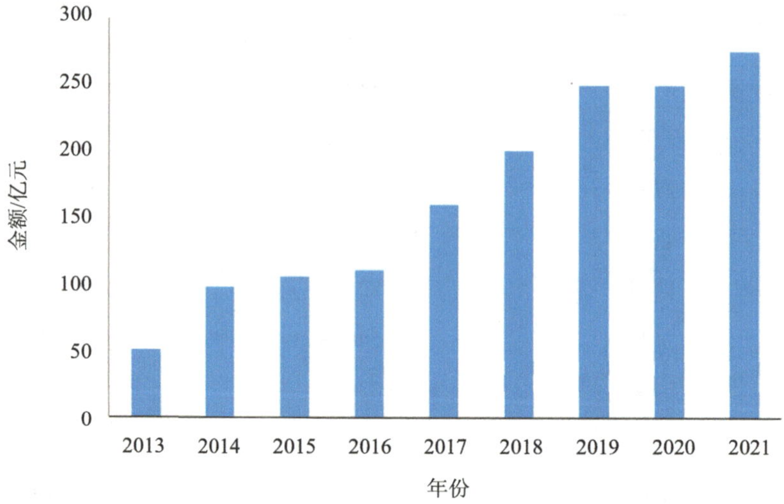

图 2-4　2013—2021 年大气污染防治专项资金情况

① 数据来源：《中国统计年鉴 2021 年》。

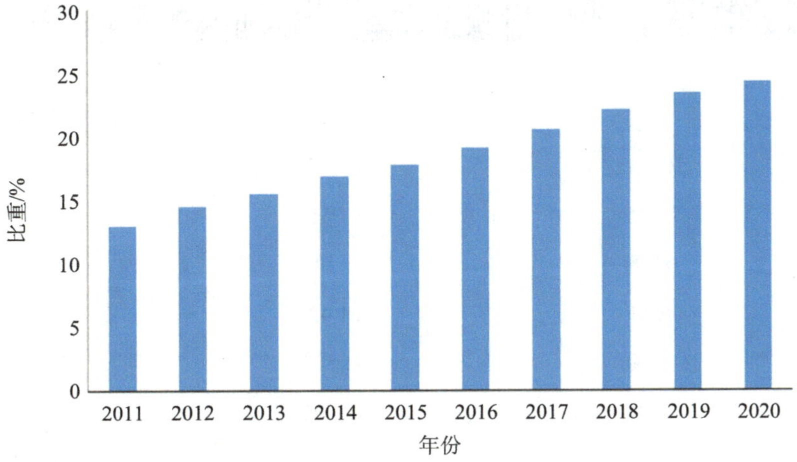

图 2-5 2011—2020 年清洁能源消费量占能源消费总量的比重

2021 年，中央财政安排土壤污染防治专项资金 44 亿元，较上年增加 10%。土壤污染防治专项资金于 2016 年设立，截至 2021 年年底，中央财政累计安排土壤污染防治专项资金 303.1 亿元（表 2-2、图 2-6），重点支持土壤污染源头防控、土壤污染风险管控、土壤污染修复治理、设立省级土壤污染防治基金等工作。

表 2-2 “十三五”时期及 2021 年各省（区、市）土壤污染防治专项资金安排

单位：万元

序号	省（区、市）	“十三五”时期合计	2021 年
1	北京	7 236	3 596
2	天津	11 058	15 156
3	河北	123 389	20 190
4	山西	36 001	4 741
5	内蒙古	55 638	8 535

序号	省（区、市）	“十三五”时期合计	2021 年
6	辽宁	53 567	11 805
7	吉林	29 907	4 021
8	黑龙江	31 306	4 340
9	上海	9 755	5 413
10	江苏	71 341	11 972
11	浙江	151 424	2 678
12	安徽	54 522	6 983
13	福建	47 795	10 023
14	江西	116 771	20 113
15	山东	83 140	22 681
16	河南	59 756	20 353
17	湖北	180 545	8 035
18	湖南	369 171	50 286
19	广东	159 034	7 349
20	广西	207 890	49 242
21	海南	15 752	2 403
22	重庆	49 203	12 385
23	四川	150 351	27 534
24	贵州	193 765	14 820
25	云南	271 712	43 629
26	西藏	18 998	2 824
27	陕西	66 279	15 591
28	甘肃	123 870	6 915
29	青海	74 787	16 159
30	宁夏	11 028	3 947
31	新疆	17 368	6 281

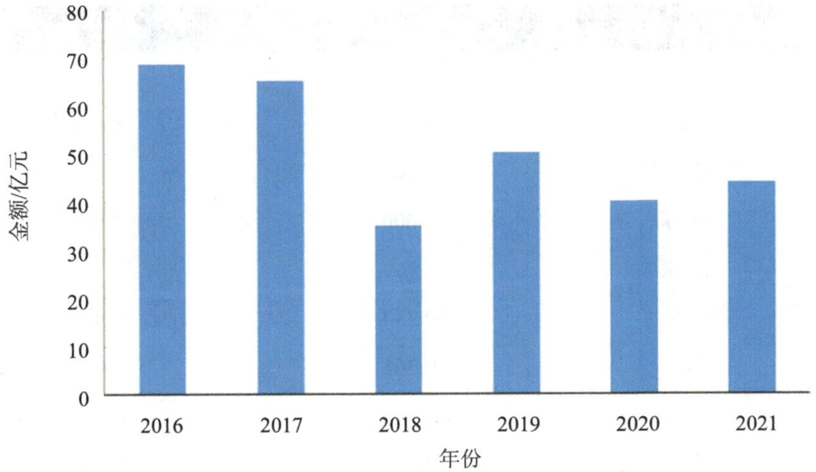

图 2-6　“十三五”时期及 2021 年土壤污染防治专项资金情况

2021 年，中央财政安排农村环境整治专项资金 36 亿元，与上年持平。农村环境整治专项资金于 2008 年成立，截至 2021 年年底，中央财政累计安排农村环境整治专项资金 609 亿元（表 2-3、图 2-7），重点支持建制村环境综合整治、饮用水水源地保护、农村生活污水和垃圾处理、畜禽养殖污染防治。

表 2-3　“十三五”时期及 2021 年各省（区、市）农村环境整治专项资金安排

单位：万元

序号	省（区、市）	“十三五”时期合计	2021 年
1	北京	7 688	1 617
2	天津	6 861	318
3	河北	196 262	33 679
4	山西	30 071	10 127
5	内蒙古	21 852	6 013
6	辽宁	71 961	2 712

序号	省（区、市）	“十三五”时期合计	2021 年
7	吉林	14 189	5 404
8	黑龙江	11 442	5 404
9	上海	4 338	321
10	江苏	20 000	7 589
11	浙江	43 709	—
12	安徽	69 237	9 926
13	福建	39 365	9 044
14	江西	163 393	16 811
15	山东	206 143	63 123
16	河南	120 554	19 664
17	湖北	124 808	21 220
18	湖南	175 579	13 995
19	广东	36 209	18 859
20	广西	30 389	5 404
21	海南	28 316	5 630
22	重庆	70 012	7 214
23	四川	129 302	22 648
24	贵州	53 083	10 679
25	云南	95 127	20 218
26	西藏	58 014	8 532
27	陕西	109 154	12 132
28	甘肃	31 592	5 969
29	青海	45 966	7 966
30	宁夏	4 000	6 000
31	新疆	47 134	7 782

注：2021 年浙江省未下达经费。

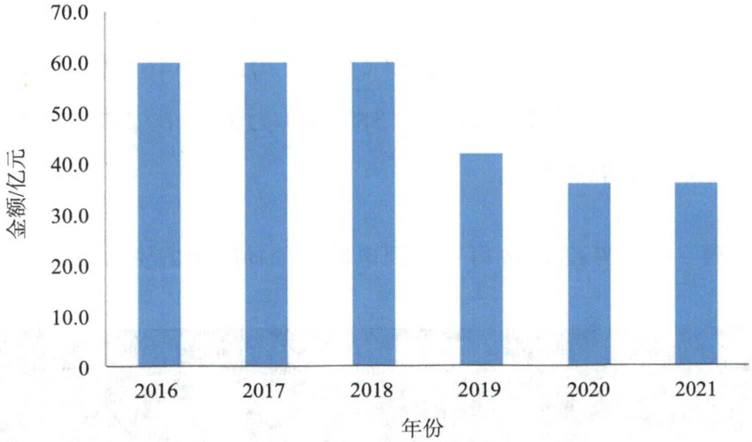

图 2-7 “十三五”时期及 2021 年农村环境整治专项资金情况

2.4 环境补贴政策

2.4.1 环保电价补贴政策

2019 年 9 月，李克强总理主持召开国务院常务会议，会议决定对尚未实现市场化交易的燃煤发电电量，自 2020 年 1 月 1 日起，取消煤电价格联动机制，将现行标杆上网电价机制改为“基准价+上下浮动”的市场化机制，意味着实施 15 年之久的煤电价格联动机制将结束。2021 年 10 月，国家发展改革委印发《关于进一步深化燃煤发电上网电价市场化改革的通知》（发改价格〔2021〕1439 号），明确提出，燃煤发电电量原则上全部进入电力市场，通过市场交易在“基准价+上下浮动”范围内形成上网电价，扩大市场交易电价上下浮动范围。这是完善电力市场机制、建设全国统一电力市场进程中的重要政策，有助于构建以新能源为主体的新型电力系统。

2021 年 10 月，财政部发布《关于提前下达 2022 年可再生能源电价附加补助地方资金预算的通知》（财建〔2021〕346 号），拨付 2022 年度可再生能源电价附加补助资金 387 000 万元（表 2-4），较 2021 年拨付资金减少 208.419 万元。

表 2-4　2022 年可再生能源电价附加补助地方资金预算

单位：万元

序号	省（区、市）	风力发电补助（2116001）	太阳能发电补助（2116002）				生物质能发电补助（2116003）	合计
			光伏扶贫项目	公共可再生能源独立系统项目	其他光伏项目	光伏发电项目小计		
1	山西	—	22 573	—	3 736	26 309	—	26 309
2	内蒙古	152 304	19 775	170	145 873	165 818	3 690	321 812
3	吉林	—	10 327	—	134	10 461	—	10 461
4	浙江	—	—	304	103	407	—	407
5	湖南	—	1 100	—	135	1 235	—	1 235
6	广西	419	—	—	122	122	121	662
7	重庆	—	55	—	11	66	—	66
8	四川	—	964	4 994	155	6 113	13	6 126
9	贵州	275	—	—	1 585	1 585	—	1 860
10	云南	2 086	—	—	3 402	3 402	—	5 488
11	甘肃	—	—	2 298	—	2 298	—	2 298
12	青海	—	—	8 379	—	8 379	—	8 379
13	新疆	—	—	1 897	—	1 897	—	1 897
合计		155 084	54 794	18 042	155 256	228 092	3 824	387 000

2.4.2 新能源补贴政策

新能源汽车购置补贴有序退坡。自 2009 年以来，我国大力支持新能源汽车产业发展，财政部联合有关部门出台了财政补贴等多项政策，我国新能源汽车技术水平不断进步，产品性能明显提升，产销规模连续 6 年居世界首位。2020 年年初，受多重因素影响，我国新能源汽车市场出现下滑。为支持新能源汽车产业高质量发展，促进新能源汽车消费，财政部、工业和信息化部、科技部、国家发展改革委联合印发了《关于完善新能源汽车推广应用财政补贴政策的通知》（财建〔2020〕86 号），将新能源汽车推广应用财政补贴政策实施期限延长至 2022 年年底，并明确了 2021 年、2022 年新能源汽车购置补贴退坡幅度。为进一步推动新能源汽车产业健康有序发展，财政部、工业和信息化部、科技部、国家发展改革委于 2020 年 12 月联合印发《关于进一步完善新能源汽车推广应用财政补贴政策的通知》（财建〔2020〕593 号），明确自 2021 年 1 月 1 日起，新能源汽车购置补贴标准在 2020 年基础上退坡 20%，城市公交、道路客运、出租（含网约车）、环卫、城市物流配送、邮政快递、民航机场以及党政机关公务领域符合要求的新能源汽车补贴标准在 2020 年基础上退坡 10%。2021 年新能源汽车产业面对全球新冠肺炎疫情蔓延、芯片短缺等不利影响，仍实现了大幅增长，产业发展态势良好。为进一步支持新能源汽车产业高质量发展，做好新能源汽车推广应用工作，2021 年 12 月，财政部、工业和信息化部、科技部、国家发展改革委联合印发《关于 2022 年新能源汽车推广应用财政补贴政策的通知》（财建〔2021〕466 号），明确补贴政策将按既定安排继续有序退坡，并明确了不同类型、不同领域车辆产品的补贴标准（表 2-5～表 2-7）。

表 2-5　2021 年新能源乘用车补贴标准

单位：万元

车辆类型	纯电动续驶里程 R（工况法）					
	非公共领域			公共领域		
纯电动乘用车	300≤R＜400	R≥400	R≥50（NEDC 工况）/ R≥43（WLTC 工况）	300≤R＜400	R≥400	R≥50（NEDC 工况）/ R≥43（WLTC 工况）
	1.3	1.8	—	1.62	2.25	—
插电式混合动力乘用车（含增程式）	—		0.68	—		0.9
1．纯电动乘用车单车补贴金额=Min{里程补贴标准，车辆带电量×280 元}×电池系统能量密度调整系数×车辆能耗调整系数。 2．对于非私人购买或用于营运的新能源乘用车，按照相应补贴金额的 0.7 倍给予补贴。 3．补贴前售价应在 30 万元以下（以机动车销售统一发票、企业官方指导价等为参考依据，“换电模式”除外）				1．纯电动乘用车单车补贴金额=Min{里程补贴标准，车辆带电量×396 元}×电池系统能量密度调整系数×车辆能耗调整系数。 2．对于非私人购买或用于营运的新能源乘用车，按照相应补贴金额的 0.7 倍给予补贴。 3．补贴前售价应在 30 万元以下（以机动车销售统一发票、企业官方指导价等为参考依据，“换电模式”除外）		

注：R 单位为 km。

表 2-6　2021 年新能源客车补贴标准

<table>
<tr><th rowspan="3">车辆类型</th><th colspan="7">非公共领域</th><th colspan="7">公共领域</th></tr>
<tr><th rowspan="2">中央财政补贴标准/[元/(kW·h)]</th><th colspan="3" rowspan="2">中央财政补贴调整系数</th><th colspan="3">中央财政单车补贴上限/万元</th><th rowspan="2">中央财政补贴标准/[元/(kW·h)]</th><th colspan="3" rowspan="2">中央财政补贴调整系数</th><th colspan="3">中央财政单车补贴上限/万元</th></tr>
<tr><th>6<L≤8</th><th>8<L≤10</th><th>L>10</th><th>6<L≤8</th><th>8<L≤10</th><th>L>10</th></tr>
<tr><td rowspan="3">非快充类纯电动客车</td><td rowspan="3">400</td><td colspan="3">单位载质量能量消耗量/[W·h/（km·kg）]</td><td rowspan="3">2</td><td rowspan="3">4.4</td><td rowspan="3">7.2</td><td rowspan="3">450</td><td colspan="3">单位载质量能量消耗量/[W·h/（km·kg）]</td><td rowspan="3">2.25</td><td rowspan="3">4.95</td><td rowspan="3">8.1</td></tr>
<tr><td>0.18（含）～0.17</td><td>0.17（含）～0.15</td><td>0.15 及以下</td><td>0.18（含）～0.17</td><td>0.17（含）～0.15</td><td>0.15 及以下</td></tr>
<tr><td>0.8</td><td>0.9</td><td>1</td><td>0.8</td><td>0.9</td><td>1</td></tr>
<tr><td rowspan="3">快充类纯电动客车</td><td rowspan="3">720</td><td colspan="3">快充倍率</td><td rowspan="3">1.6</td><td rowspan="3">3.2</td><td rowspan="3">5.2</td><td rowspan="3">810</td><td colspan="3">快充倍率</td><td rowspan="3">1.8</td><td rowspan="3">3.6</td><td rowspan="3">5.85</td></tr>
<tr><td>3C～5C（含）</td><td>5C～15C（含）</td><td>15C 以上</td><td>3C～5C（含）</td><td>5C～15C（含）</td><td>15C 以上</td></tr>
<tr><td>0.8</td><td>0.9</td><td>1</td><td>0.8</td><td>0.9</td><td>1</td></tr>
</table>

车辆类型	非公共领域							公共领域						
	中央财政补贴标准/[元/(kW·h)]	中央财政补贴调整系数			中央财政单车补贴上限/万元			中央财政补贴标准/[元/(kW·h)]	中央财政补贴调整系数			中央财政单车补贴上限/万元		
		节油率水平			6＜L≤8	8＜L≤10	L＞10		节油率水平			6＜L≤8	8＜L≤10	L＞10
插电式混合动力（含增程式）客车	480	60%～65%（含）	65%～70%(含)	70%以上	0.8	1.6	3.04	540	60%～65%（含）	65%～70%(含)	70%以上	0.9	1.8	3.42
		0.8	0.9	1					0.8	0.9	1			
单车补贴金额=Min{车辆带电量×单位电量补贴标准；单车补贴上限}×调整系数（包括单位载质量能量消耗量系数、快充倍率系数、节油率系数）								单车补贴金额=Min{车辆带电量×单位电量补贴标准；单车补贴上限}×调整系数（包括单位载质量能量消耗量系数、快充倍率系数、节油率系数）						

注：L 为车身长度，单位为 m；C 为充放电倍率。

表 2-7　2021 年新能源货车补贴标准

车辆类型	非公共领域				公共领域			
	中央财政补贴标准/[元/（kW·h）]	中央财政单车补贴上限/万元			中央财政补贴标准/[元/（kW·h）]	中央财政单车补贴上限/万元		
		N1 类	N2 类	N3 类		N1 类	N2 类	N3 类
纯电动货车	252	1.44	2.8	4	315	1.8	4.95	4.95
插电式混合动力（含增程式）货车	360	—	1.6	2.52	450	—	1.8	3.15

推进建立风电、光伏发电长效政策机制。2021 年是风电、光伏发电平价上网的第一年。2021 年 5 月，国家能源局印发《关于 2021 年风电、光伏发电开发建设有关事项的通知》（国能发新能〔2021〕25 号），提出建立消纳责任权重引导、并网多元保障、保障性并网竞争性配置三方面长效机制，明确 2021 年户用光伏发电项目国家财政补贴预算额度为 5 亿元。各地积极出台土地、财税、金融等支持政策，减轻新能源开发建设的不合理负担。经国家可再生能源信息管理中心梳理统计，2021 年 12 月，新纳入国家财政补贴规模户用光伏项目总装机容量为 508.98 万 kW。截至 2021 年 12 月底，全国累计纳入 2021 年国家财政补贴规模户用光伏项目装机容量为 2 159.62 万 kW。

2.4.3 “双替代”补贴

中央财政继续支持清洁取暖。清洁取暖是持续改善空气质量和人居环境的有效手段，也是 2022 年北京冬、残奥会期间环境空气质量达标的重要保障。2021 年 3 月，财政部办公厅、住房和城乡建设部办公厅、生态环境部办公厅、国家能源局综合司联合发布《关于组织申报北方地区冬季清洁取暖项目的通知》，明确中央财政对纳入支持范围的城市给予清洁取暖改造定额奖补，连续支持 3 年，每年奖补标准为省会城市 7 亿元、一般地级市 3 亿元。资金主要支持有关城市开展“煤改气”“煤改电”，以及地热能、太阳能、工业余热等多种方式清洁取暖改造。

地方积极推进清洁取暖。山西省长治市沁源县发布 2021 年农村冬季清洁取暖运行补贴实施方案，“煤改电”农户享受 0.2 元/（kW·h）补贴，根据实际使用量发放，最高补贴电量 5 000 kW·h/户（即每户每采暖季最高补贴 1 000 元），超出部分由用户自行负担。

2.4.4 绿色农业补贴

中央财政继续支持开展耕地轮作休耕制度试点。开展耕地轮作休耕是国家的一项重大决策。自 2016 年国家启动实施耕地轮作休耕制度试点以来，试点规模不断扩大，区域不断拓展，成效逐步显现。2021 年 4 月，农业农村部、财政部印发《关于做好 2021 年农业生产发展等项目实施工作的通知》（农计财发〔2021〕8 号），明确重点在东北地区推行大豆薯类—玉米、杂粮杂豆春小麦—玉米等轮作，在黄淮海地区推行玉米—大豆或花生—玉米等轮作，在长江流域推行稻油、稻稻油等轮作，继续在河北地下水漏斗区、黑龙江三江平原井灌稻地下水超采区、新疆塔里木河流域地下水超采区实施休耕试点。

各地积极推进耕地轮作休耕试点。自 2016 年以来，内蒙古、辽宁、吉林、黑龙江、河北等省（区、市）积极推进轮作休耕试点，初步探索了有效的组织方式、技术模式和政策框架。2021 年 1 月，农业农村部印发了《关于落实好党中央、国务院 2021 年农业农村重点工作部署的实施意见》（农发〔2021〕1 号），明确扩大耕地轮作休耕试点范围，面积达到 4 000 万亩①。同年 5 月，农业农村部办公厅、财政部办公厅、国家发展改革委办公厅联合印发《关于进一步做好东北黑土地保护工作的通知》（农办计财〔2021〕11 号），明确探索将黑土耕地保护措施、轮作休耕制度落实情况与耕地地力补贴、轮作休耕补贴等挂钩机制。各地积极推动耕地轮作休耕制度化、常态化。如黑龙江省，2021 年遴选 24 个县（市、区）和北大荒农垦集团有限公司开展黑土地保护利用项目，落实耕地轮作休耕试点面积 1 298.2 万亩，累计落实耕地轮作休耕试点面积 4 545.3 万亩。河北省农业农村厅印发《河北省 2021 年度耕地轮作休耕

① 1 亩=1/15 hm^2。

工作实施方案》（冀农发〔2021〕50 号），明确对家庭农场、种植专业合作社等流转农民承包地实施轮作休耕的，确保土地自愿流转，要完善承包合同，依法依规实施，季节性休耕地块每三年轮换一次。天津市 2021 年安排财政资金 2 500 万元，支持优化调整种植业结构，推广抗旱品种及配套旱作节水农业技术，采取后补贴方式，开展耕地轮作休耕制度试点。江苏省在全国率先开展省级轮作休耕试点，在苏南地区整体推进季节性轮作休耕，耕地轮作休耕试点面积累计达 500 多万亩。

专栏 2-1　黑龙江省 2021 年耕地轮作休耕试点补助政策

补助对象：耕地轮作休耕试点的补助对象是自愿参加耕地轮作休耕试点的实际生产经营者，而不是土地承包者。

补助标准：暂定新增耕地轮作试点每亩补贴 150 元，新增水稻休耕试点每亩补贴 500 元，最终以中央财政核发标准为准。

轮作要求：2019 年开始实施 3 年的轮作试点地块，继续推广“一主多辅”种植模式，以玉米与大豆轮作为主，与小麦、杂粮杂豆、蔬菜、薯类、饲草、油料作物、汉麻、中草药（1 年生）等轮作为辅，大力提倡“三三制”轮作，允许实行“二二制”轮作。2021 年新增实施 1 年试点地块前茬（2020 年）必须种植大豆，2021 年必须种植玉米或小麦/马铃薯/汉麻。

休耕要求：2021 年新增实施 1 年水稻休耕试点若延续 2018 年新增实施 3 年地块或 2020 年新增实施 1 年地块，可正常进行休耕；若根据需要更换新的地块，前茬（2020 年）必须种植水稻，2021 年进行休耕。

一些地方加大秸秆综合利用补贴力度。河北省印发《河北省秸秆综合利用实施方案（2021—2023 年）》（冀政办字〔2020〕211 号），明确提出统筹中央秸秆综合利用项目资金、省级大气污染防治项目资金、农机购置补贴等相关涉农资金，重点对秸秆能源化利用产业和收储运体系建设给予支持，产业基金要更多投向生物天然气项目建设。吉林省发展改革委会同相关部门印发《吉林省秸秆综合利用三年行动方案（2019—2021 年）》，提出到 2021 年实现秸秆全量利用，年综合利用秸秆 4 000 万 t 以上，积极落实秸秆综合利用财政补贴、税收优惠、金融信贷、用地、用电、交通运输等支持政策，激发市场主体活力，建立健全政府、企业与农民三方共赢的利益链接机制，推动秸秆全量化利用。山东省平度市农业农村局印发《进一步加强农作物秸秆综合利用工作实施方案》（平农发〔2020〕9 号），加大机械化全量还田农机购机补贴力度，鼓励购买反转灭茬机和大型农机具。

2.5 政府绿色采购

进一步加大政府绿色采购力度。2021 年 2 月，国务院发布《关于加快建立健全绿色低碳循环发展经济体系的指导意见》（国发〔2021〕4 号），明确提出加大政府绿色采购力度，扩大绿色产品采购范围，逐步将绿色采购制度扩展至国有企业；加强对企业和居民采购绿色产品的引导，鼓励地方采取补贴、积分奖励等方式促进绿色消费。2021 年 7 月，国家发展改革委印发《“十四五”循环经济发展规划》（发改环资〔2021〕969 号），提出加大政府绿色采购力度，积极采购再生资源产品。

2.6 小结

2.6.1 存在的问题

生态环境财政支出水平和支出效率有待进一步提高。“十三五”期间，中央生态环境资金在增加，但生态环境保护的投资占 GDP 的比重依然过低，环境污染治理投资总额（包括城镇环境基础设施建设投资、工业污染源治理投资）占 GDP 的比重仅为 0.9%（2019 年）。“十四五”期间，我国生态环境形势依然严峻，生态环境保护工作仍然处于攻坚期，历史欠账多，新的生态环境问题不断涌现，部分地区、部分领域生态环境问题依然突出，财政生态环境保护投入总量与生态环境治理资金需求之间仍有很大差距。

财政补贴政策尚需进一步完善。财政补贴政策面临顶层设计、政策体系、技术支持、资金投入等方面的问题，清洁能源和清洁生活方式的激励机制还不够完善。如清洁取暖中央补贴按照行政级别支付定额补助，未充分体现试点城市改造任务量的差异；补贴制度设计不合理，缺乏导向性及精准性设计，市场积极性不高。

政府绿色采购制度不健全。我国尚未出台专门的绿色采购法律，关于政府绿色采购的要求大多是分散在多个法律条文中的原则性指导意见，对于具体操作、考核指标等要求需要进一步完善。我国政府绿色采购的标准体系建设仍处在起步阶段：尚无国家层面统一的绿色采购政策、绿色采购方法、绩效评价标准；绿色产品及技术的认证体系还需要进一步健全；尚未指定专门的机构和专业人员负责政府绿色采购，熟悉政府绿色采购相关业务的人才明显不足；采购双方在采购过程中对政府绿色采购政策的理解存在偏差，政府绿色采购专业化水平依然有很大的提升空间。

2.6.2 发展方向

持续完善生态环境保护财政政策。完善中央生态环境资金项目储备库；调整优化财政支出结构，加强对绿色产业和生态环境保护的财政支持力度；制定中长期生态环境保护预算，保障财政支出政策效益的连贯性；鼓励生态环境保护、污染治理等民生工程需求大、资金缺口大的地区适度增加地方政府专项债规模。

健全环境财政补贴机制。加强补贴政策与天然气价格、电价等政策之间的协调；研究支持居民清洁取暖的阶梯电价政策；完善相关清洁取暖技术的标准和法律规范，进一步细化清洁取暖补贴标准，充分发挥中央财政支持作用，利用市场吸引社会资本投入，完善多元化投融资机制，建立常态化稳定的资金来源渠道；推动陆上风电、光伏电站、工商业分布式光伏价格退坡，引导陆上风电、光伏电站、工商业分布式光伏尽快实现平价上网；提高新能源货车补贴标准，对新能源货车减征消费税，提高重型柴油货车消费税；研究推动符合国六标准的货车、新能源运输车辆的过路费优惠政策。

完善政府绿色采购制度。推进强制性政府绿色采购试点；开展工业生态设计制度研究，将其作为生产与消费的链接纽带，加大生态环境保护源头管控；完善政府绿色采购法律法规体系，有效引导和约束企业及消费者的行为，促进绿色采购的全方位推广实施；加强绿色采购的部门管理，严格落实绿色产品采购政策，使绿色采购法治化、标准化、规范化；探索建立统一的全国性的政府绿色采购信息平台，及时公开政府绿色采购信息；充分利用信息化手段，将专项资金的预算、申报、使用、决算的全过程纳入信息系统，进行实时跟踪，获取项目实际进度数据，据此对项目的绩效进行评价。

3

环境资源价格政策

绿色发展价格机制进一步深化，国家和一些地方陆续印发了一些关于环境资源价格政策实施的政策文件，水价、电价等相关价格政策取得积极进展。但环境定价政策改革仍存在问题，污水处理收费价格机制有待调整，生活垃圾减量化激励机制尚不健全。亟须进一步完善我国环境定价政策改革，健全污水处理费调整机制，完善生活垃圾收费政策支持。

3.1 水价政策

进一步规范城镇供水价格。2021 年 8 月，国家发展改革委、住房和城乡建设部修订印发《城镇供水定价成本监审办法》（国家发展改革委、住房和城乡建设部令　第 45 号）和《城镇供水价格管理办法》（国家发展改革委、住房和城乡建设部令　第 46 号），自 2021 年 10 月 1 日起施行。这两个办法的施行有助于进一步规范城镇供水价格管理，保障供水、用水双方合法权益，促进城镇供水事业健康发展，节约和保护水资源。一是建立了促进供水企业降本增效的激励约束机制。在人工成本考核方面，设立了供水企业职工人数定员上限标准；在管网漏损考核方面，设定了管网漏损率控制标准。供水企业超出规定标准的部分，不得计入供水定价成本。二是对供水能力过度超前建设进行适当控制。修订后的办法适当提高了对供水负荷率的考核标准，既有利于保障城市供水安全，也有利于抑制过度超前建设。三是建立了参考市场利率合理确定供水收益率的机制。明确供水企业准许收益率根据权益资本收益率、债务资本收益率确定，权益资本收益率按照 10 年期国债收益率加不超过 4 个百分点核定，债务资本收益率按照贷款市场报价利率确定。四是建立了供水价格定期校核机制和补偿机制。明确城镇供水价格监管周期原则上为 3 年，建立供水价格与原水价格等上下游联动机制的，监管周期年限可以适当延长。考虑当地经济社会发展水平和用户承受能力等，价格调整不到位导致供水企业难以达到准许收入的，当地人民政府应当予以相应补偿。

积极推动农业水价改革。2021 年 7 月，国家发展改革委、财政部、水利部、农业农村部联合印发《关于深入推进农业水价综合改革的通知》（发改价格〔2021〕1017 号），明确“十四五”时期推进农业水价综合改革任务及 2021 年改革工作。提出截至 2020 年年底，各地改革实施面积累计达 4.3 亿亩以上，其中 2020 年新增 1.3 亿亩以上，改革正在从局部试点示范向面上整体推进，北京、上海、江苏、浙江已率先完成改革任务，天津、内蒙古、辽宁、山东、云南、陕西、甘肃、青海等省（区、市）改革进度超过 50%。根据各地 2021 年改革实施计划，新增改革实施面积约 1.2 亿亩（表 3-1）。

表 3-1　2021 年各省（区、市）计划新增改革实施面积

单位：万亩

序号	省（区、市）	2021 年计划新增改革实施面积	备注
1	北京	0.0	持续巩固改革成果
2	天津	0.0	完成改革验收
3	河北	310.0	
4	山西	333.3	
5	内蒙古	681.8	
6	辽宁	115.0	
7	吉林	79.0	
8	黑龙江	1 000.0	
9	上海	0.0	持续巩固改革成果
10	江苏	0.0	持续巩固改革成果
11	浙江	0.0	持续巩固改革成果
12	安徽	1 433.6	
13	福建	200.6	
14	江西	600.0	
15	山东	919.1	
16	河南	1 000.0	
17	湖北	694.1	
18	湖南	701.0	
19	广东	687.0	
20	广西	239.5	
21	海南	35.0	
22	重庆	123.9	
23	四川	560.6	

序号	省（区、市）	2021 年计划新增改革实施面积	备注
24	贵州	251.0	
25	云南	491.0	
26	西藏	92.9	
27	陕西	22.0	
28	甘肃	200.0	
29	青海	81.0	
30	宁夏	148.0	
31	新疆	1 036.2	
32	新疆生产建设兵团	80.0	
合计		12 115.6	

各地制定了相应的再生水价格管理政策。由于大多数地区再生水利用远未实现网络化、规模化，再生水企业与大用户之间以点对点供水为主，再生水供水管道敷设及价格主要由供需双方协商确定，少数地区实行政府定价、政府指导价管理。上海、深圳、南京、广州等地近年来均放开了再生水价格，实行市场调节价；天津、长春等地仍实行政府定价；北京、杭州等地实行政府指导价；昆明实行政府指导价，供水价由供需双方协商确定。目前，各城市间再生水价格水平相差悬殊，如天津再生水价格政策，自 2012 年执行至今，居民再生水价格为 2.2 元/m^3，发电企业再生水价格为 2.5 元/m^3，工业、行政事业、经营服务单位再生水价格为 4 元/m^3；杭州 2006 年制定再生水价格为 1 元/m^3、上下浮动 10%；北京自 2014 年起实行价格上限管理，不超过 3.5 元/m^3，实际按 1 元/m^3 执行；长春 2019 年 9 月调整再生水价格为 0.8 元/m^3；其他地区再生水价格多在 1 元/m^3 以内。各地再生水利用不再收取水资源费及污水处理费。

3.2 电价政策

持续深化电价机制改革。2021 年 5 月，国家发展改革委发布《关于“十四五”时期深化价格机制改革行动方案的通知》（发改价格〔2021〕689 号），提出持续深化电价改革，深化燃煤发电、燃气发电、水电、核电等上网电价市场化改革，完善风电、光伏发电、抽水蓄能价格形成机制，平稳推进销售电价改革，完善居民阶梯电价制度；针对高耗能、高排放行业，完善差别电价、阶梯电价等绿色电价政策，强化与产业和环保政策的协同，加大实施力度，促进节能减碳。2021 年 9 月，中共中央、国务院发布《关于完整准确全面贯彻新发展理念　做好碳达峰碳中和工作的意见》（中发〔2021〕36 号），提出从有利于节能的角度深化电价改革，理顺输配电价结构，全面放开竞争性环节电价；完善差别化电价、分时电价和居民阶梯电价政策。严禁对高耗能、高排放、资源型行业实施电价优惠。

调整新能源上网电价政策。2021 年 6 月，国家发展改革委印发《关于 2021 年新能源上网电价政策有关事项的通知》（发改价格〔2021〕833 号），明确了 2021 年光伏发电、风电等新能源上网电价政策。提出自 2021 年起，对新备案集中式光伏电站、工商业分布式光伏项目和新核准陆上风电项目，中央财政不再补贴，实行平价上网；2021 年新建项目上网电价，按当地燃煤发电基准价执行；新建项目可自愿通过参与市场化交易形成上网电价。随着产业技术进步、效率提升，近年来新建光伏发电、风电项目成本不断下降，当前已经具备平价上网条件，行业对平价上网也形成高度共识。此次调整释放出清晰、强烈的价格信号，有利于调动各方面的投资积极性，推动风电、光伏发电产业加快发展，促进以新能源为主体的新型电力系统建设，助力实现“双碳”目标。

推动完善峰谷分时电价政策。2021 年 7 月，国家发展改革委发布《关于进一步完善分时电价机制的通知》（发改价格〔2021〕1093 号），提出完善峰谷电价机制、建立尖峰电价机制、健全季节性电价机制、强化分时电价机制等要求，更好地引导用户削峰填谷，改善电力供需状况，促进新能源消纳。政策出台后，多地积极落实完善分时电价政策的要求，建立尖峰电价机制，引导用户错峰用电、削峰填谷。例如，2021 年 8 月，广东省发展改革委发布《关于进一步完善我省峰谷分时电价政策有关问题的通知》（粤发改价格〔2021〕331 号），提出自 2021 年 10 月 1 日起峰谷分时电价实施范围维持不变，国家和省对部分用户执行峰谷分时电价有专门规定的按其规定执行；居民用户的峰谷分时电价按规定调整，居民用户可自主选择是否执行峰谷分时电价政策。2021 年 8 月，贵州省发展改革委发布《关于试行峰谷分时电价有关事项的通知》（黔发改价格〔2021〕611 号），提出自 2021 年 10 月 1 日起平段电价按现行销售目录电价执行，峰段电价以平段电价为基础上浮 50%，谷段电价以平段电价为基础下浮 50%；政府性基金及附加、基本电费不参与浮动。

完善居民阶梯电价政策。为积极回应群众对完善居民阶梯电价政策的诉求，适当减轻多人口家庭的电费负担，广东、浙江、江苏等省已在 2021 年对居民阶梯电价进行了完善，实施居民阶梯电价“一户多人口”优惠政策。2021 年 4 月，广东省发展改革委印发《关于居民阶梯电价“一户多人口”政策有关事项的通知》（粤发改价格函〔2021〕826 号），提出自 6 月 1 日起执行居民阶梯电价“一户多人口”政策，在夏季高峰期，一户家庭人口满 5 人的，可申请每月增加 100 kW·h 的阶梯电量基数；满 7 人及以上的，还可申请执行更优惠的合表居民用户电价［即电价水平提高 3.7 分/（kW·h）］，不执行阶梯加价。

健全阶梯电价与差别电价政策。2021 年 8 月，国家发展改革委印发《关于完善电解铝行业阶梯电价政策的通知》（发改价格〔2021〕1239号），部署各地完善电解铝行业阶梯电价政策，包括调整阶梯电价分档标准电耗指标、合理设定阶梯电价分档标准、采用累进加价方式确定加价标准、完善核定加价电费的工作机制、强化阶梯电价加价电费收缴责任、完善加价电费资金管理使用制度等方面，推动电解铝行业持续提升能源利用效率、降低碳排放强度。2021 年 5 月，浙江省发展改革委、生态环境厅发布《关于钢铁行业实施超低排放差别化电价政策的通知（征求意见稿）》，对钢铁行业实施超低排放差别化电价政策。2021 年 10 月，宁夏回族自治区委员会办公厅发布《宁夏回族自治区能耗双控三年行动计划（2021—2023 年）》（宁党办〔2021〕86 号），提出完善绿色价格机制，清理违规出台的高耗能企业优惠电价政策，严格落实差别电价和惩罚性电价政策，严格执行电解铝、水泥、钢铁等行业阶梯电价政策，及时评估差别电价、阶梯电价政策执行效果，根据实际需要扩大差别电价、阶梯电价执行行业范围，完善阶梯电价分档和加价标准。

3.3 其他资源型产品价格政策

推进天然气价格政策改革。2021 年 6 月，国家发展改革委印发《天然气管道运输价格管理办法（暂行）》（以下简称《价格管理办法》）和《天然气管道运输定价成本监审办法（暂行）》（以下简称《成本监审办法》）。《价格管理办法》明确了跨省天然气管道运输价格的定价原则、定价方法和定价程序，明确按照“准许成本加合理收益”的原则制定跨省天然气管道运输价格，实行“一区一价”，规定首次核定价格时准许收益率按 8%确定，但明确指出后续会统筹考虑国家战略要求、行业发展需要、用户承受能力等因素进行动态调整。这既保证了政策的衔接和平稳过渡，又为未来预留了调整空间。《成本监审办法》明确了定价成本构成和核定方法，规定管道运输定价成本由折旧及摊销费、运行维护费构成，分类明确了主要固定资产折旧年限，对运行维护费的有关参数取值做了明确规定，进一步加强垄断行业定价成本监管。2021 年 9 月，河北省发展改革委发布《关于进一步规范天然气价格政策的通知》，明确到 2021 年年底前，凡是通天然气的市、县均要建立天然气上下游价格联动机制，做到市、县全覆盖；各市、县要进一步完善配气价格形成机制，取消一切不合理收费。

3.4 环境污染治理收费政策

污水处理收费机制不断完善。2021 年 5 月，国家发展改革委印发《“十四五”时期深化价格机制改革行动方案》（发改价格〔2021〕689 号），明确要求进一步完善污水处理收费机制。结合污水处理排放标准提高情况，将收费标准提高至补偿污水处理和污泥无害化处置成本且合理盈利的水平，并建立动态调整机制。鼓励通过政府购买服务，以招投标等市场化方式确定污水处理服务费水平，建立与处理水质、污染物削减量等挂钩的污水处理服务费奖惩机制。鼓励已建成污水集中处理设施的农村地区，探索建立农户付费制度。2021 年 6 月，国家发展改革委、住房和城乡建设部发布《“十四五”城镇污水处理及资源化利用发展规划》（发改环资〔2021〕827 号），再次明确各地要按照覆盖污水处理设施正常运营和污泥处置成本并合理盈利的原则，合理制定污水处理费标准，并根据当地水污染防治目标要求，考虑污水排放标准提升和污泥处置等成本合理增加因素动态调整。

新疆、贵州等地积极完善污水处理收费机制。2021 年 11 月，新疆维吾尔自治区发展改革委印发《自治区污水处理定价成本监审暂行办法》（新发改规〔2021〕20 号），就提高污水处理定价的科学性、合理性、规范性，加强污水处理成本监管，规范定价成本监审行为等明确了相关要求。2021 年 12 月，贵州省发展改革委印发《关于〈关于进一步创新完善污水处理收费机制的指导意见（征求意见稿）〉公开征求意见的公告》，提出到 2025 年，体现“污染付费、公平负担、补偿成本、合理盈利”的污水处理成本分担机制、激励约束机制和收费标准动态调整机制全面建立。2021 年 12 月，广州市水务局发布《关于〈广州市污水处理费征收管理实施办法〉（公开征求意见稿）意见的公告》，对制定依据、适用范围、计量收费标准、减免核定情形、法律责任等方面做出相应规定。

非居民厨余垃圾处理计量收费制度全面推进。2021 年 4 月，《中华人民共和国反食品浪费法》在第十三届全国人大常务委员会第二十八次会议上通过，自公布之日起施行，其中第七条规定，餐饮服务提供者可以对造成明显食品浪费的消费者收取处理厨余垃圾的相应费用。2021 年 7 月，国家发展改革委、住房和城乡建设部发布《关于推进非居民厨余垃圾处理计量收费的指导意见》（发改价格〔2021〕977 号），明确提出：一是推行厨余垃圾计量收费；二是逐步建立非居民厨余垃圾定额管理和超定额累进加价机制；三是加快理顺非居民厨余垃圾收集、运输、处理管理体制和运行机制；四是建立健全提高收运单位服务质量的激励机制；五是完善非居民厨余垃圾排放登记管理；六是加大费用征收和执法检查力度；七是因地制宜、因城施策、有序推进；八是加强宣传引导。

城镇生活垃圾收费政策不断完善。国家发展改革委印发的《关于“十四五”时期深化价格机制改革行动方案的通知》（发改价格〔2021〕689 号）提出按照产生者付费原则，完善生活垃圾收费政策；结合生活垃圾分类情况，实行分类计价、计量收费等差别化管理；创新收费模式，提高收缴率。2021 年 3 月，湖北省发展改革委等部门联合发布《湖北省城镇生活垃圾处理收费管理办法》（鄂发改规〔2021〕2 号），明确积极推进湖北省垃圾处理收费方式改革，鼓励将非居民类垃圾处理按职工人数、经营或者办公场所面积定额收费逐步调整为按照垃圾产生量计量收费。2021 年 10 月，贵州省发展改革委发布《关于公开征求〈贵州省城镇生活垃圾处理收费管理办法（试行）〉意见的公告》。2021 年 11 月，青海省发展改革委、财政厅、住房和城乡建设厅发布《青海省城镇生活垃圾处理收费管理办法》（青发改价格〔2021〕731 号），从制定依据、适用范围、定价程序、成本核定等方面做了明确规定。

3.5 小结

3.5.1 存在的问题

水价改革有待深化。一是资源稀缺价值、污染治理成本没有充分体现在水价政策制定目标中，水价调节功能发挥不到位，城镇供水价格和农业用水价格总体依然偏低，且调整周期长，存在价格与成本倒挂现象；多用水、多付费的累进价格机制尚未全面建立，稀缺水资源的价值没有充分体现，不利于城镇供水行业健康发展和农田水利工程的良性运行，难以调动用户的节水积极性。二是对再生水实行政府定价管理的地区，所制定再生水价格高的，再生水价格优势难以显现，用户使用意愿降低，使用量少，限制了再生水开发利用的规模与发展速度；所制定价格低的，价格与生产成本倒挂，再生水企业处于亏损状态，难以持续运营，制约了再生水行业健康可持续发展。

差别电价政策仍需进一步完善。一是目前根据国务院发布实施的《促进产业结构调整暂行规定》和产业结构调整指导目录甄别执行差别电价企业名单，现行指导目录是 2019 年征求意见稿，阶梯电价政策电耗标准仍为 2013 年标准，电耗指标要求难以满足我国产业结构转型和“双碳”目标要求。二是当前差别电价执行标准仍然偏低，且电解铝等行业的部分企业自备电厂供电比例较高，外购电相对较少，差别电费难以起到有效制约和淘汰落后产能的作用。三是差别电价执行过程中主要考虑能耗标准，未考虑碳排放、温室气体排放等排放标准对高耗能企业生产进行调控，难以适应“双碳”目标的要求。

污水处理费尚未实现治理成本全覆盖。目前我国居民污水处理费无法覆盖现阶段排放标准条件下的运行成本；工业污水处理费能够覆盖现阶段排放标准条件下的运行成本，但无法覆盖运营成本和治理成本。基于基本生活需要的居民生活排水和基于营利性质的工业废水排放在污染者付费原则中性质不同，具有公共物品属性的基本生活排水属于公共服务提供范畴，而具有商业属性的工业废水排放理应基于全部治理成本支付。

居民生活垃圾减量化激励机制尚不健全。从各城市来看，居民家庭普遍实行按户定额征收。生活垃圾产生量与缴费金额尚未关联，家庭实际垃圾产生量与自身负担的费用无关，产生极少量与过量的生活垃圾要缴纳相同的垃圾处理费。国家发展改革委价格成本调查中心的调查显示，垃圾处理费征收率普遍偏低，征收标准与处理成本相差较大，收取的垃圾处理费难以覆盖支出。主要由地方政府承担垃圾处理的成本支出，地方财政补贴压力较大。

3.5.2 发展方向

完善水价政策与形成机制。一是水价改革从反映水资源稀缺性政策目标调整到水资源、水环境保护目标，并逐步调整到“三水”统筹目标，分步式改革推进水价体系建设，全面反映各地区的市场水资源稀缺程度、水生态环境损害成本和水生态修复效益等因素。深入推进农业水价综合改革，全面实行农业水价超定额用水累进加价，同步建立精准补贴和节水奖励机制。二是按照市场化方向，完善再生水价格形成机制和水价价格体系，根据《关于推进污水资源化利用的指导意见》（发改环资〔2021〕13 号）的要求，建立使用者付费制度，放开再生水政府定价，由再生水供应企业和用户按照优质优价的原则自主协商定价。推动健全再生水分类、累退等价格机制，将再生水纳入水价改革体系统筹研究，推动形成合理比价关系。

进一步完善绿色电价政策。一是分省（区、市）施策，建立考虑碳排放水平（远期可以考虑温室气体排放水平）和电耗水平综合考核指标的差别电价机制，以优化高耗能行业用能结构。完善差别电价机制，以激励高耗能企业改变用能结构，明确高耗能企业在促进新能源消纳进程中的责任，促进水电、风电、光伏等可再生能源发电在电解铝等高耗能行业生产中的应用。二是建立绿色电价执行标准的动态调整机制，国家层面采用绿色电价指导价方式，提高基础加价标准，鼓励各省（区、市）考虑自身双控目标和减排任务，分省（区、市）施策。三是推动碳排放权交易市场以及绿证交易市场的全面建立，推动碳排放权交易市场交易以及绿证交易，将高耗能企业作为有偿责任主体，使其尽早进入碳排放权交易及绿证交易市场中。

继续完善污水处理收费政策。建议国家统一污水处理收费标准，并出台相应规范，对治理成本、运营成本、运行成本等成本概念进行明确。通过征收城镇污水税，将污染者少付费或不付费变为污染者付费，纠正污染者的行为，达到保护和改善水环境的目的。

继续完善生活垃圾收费政策。一是按照产生者付费原则，完善生活垃圾收费政策；结合生活垃圾分类情况，实行分类计价、计量收费等差别化管理；创新收费模式，提高收缴率。二是鼓励开发性金融机构发挥中长期贷款优势，支持生活垃圾处理设施建设项目。引导金融机构创新金融服务，优化信贷评审方式，积极提供融资支持。三是支持符合条件的企业通过发行企业债券、公司债券、资产支持证券募集资金用于项目建设。鼓励具备条件的项目开展基础设施领域不动产投资信托基金（REITs）试点。四是明确厨余垃圾处理收费制度、收费标准，分类计价、计量收费，采用分级收费制度对大量浪费现象加重收费。

4

生态保护补偿政策

4.1 生态保护补偿政策总体进展

国家进一步深化生态保护补偿制度改革。2021 年 3 月发布的《中华人民共和国国民经济和社会发展第十四个五年规划和 2035 年远景目标纲要》提出健全生态保护补偿机制，完善国家重点生态功能区转移支付制度，完善市场化、多元化生态保护补偿，完善森林、草原和湿地生态保护补偿制度，建立健全生态产品价值实现制度。2021 年 8 月，国务院总理李克强主持召开国务院常务会议，部署全面推动长江经济带发展的财税支持措施，会议指出，国家要支持沿江省市生态保护，增加对重点生态功能区转移支付，加大生态保护补偿力度，统筹推进山水林田湖草一体化保护和修复。2021 年 9 月，中共中央办公厅、国务院办公厅印发《关于深化生态保护补偿制度改革的意见》，提出要围绕生态文明建设总体目标，加强同“双碳”目标任务衔接，进一步推进生态保护补偿制度建设，发挥生态保护补偿的政策导向作用。

4.2 生态综合补偿

开展生态综合补偿试点是以维护国家生态安全、加快美丽中国建设为目标，以完善生态保护补偿机制为重点，以提高生态保护补偿资金使用整体效益为核心，创新生态保护补偿资金使用方式，拓宽资金筹集渠道，调动各方参与生态保护的积极性，转变生态保护地区的发展方式，增强自我发展能力，提升优质生态产品的供给能力，实现生态保护地区和受益地区的良性互动。2021 年 11 月，国家发展改革委等部门联合印发《“十四五”支持革命老区巩固拓展脱贫攻坚成果衔接推进乡村振兴实施方案》（发改振兴〔2021〕1619 号），提出推进金寨、泰宁、井冈山、琼中、赤水等生态综合补偿试点县建设。2021 年 8 月，青海省出台《关于加快把青藏高原打造成为全国乃至国际生态文明高地的行动方案》，提出稳妥有序开展玉树市、祁连县等 5 县（市）生态综合补偿试点工作。

专栏 4-1 全国生态综合补偿“肃南”经验

近年来，甘肃省张掖市肃南县紧扣筑牢国家西部重要生态安全屏障、加快推进黄河流域生态保护和高质量发展目标，坚持以完善生态保护补偿机制为重点，以提高生态保护补偿资金使用整体效益为核心，在全国先行开展生态综合补偿试点工作，着力实现生态保护地区和受益地区的良性互动，为全国生态保护补偿机制的完善提供了可借鉴、可复制的“肃南”经验。

加强领导，有效推进任务落实。肃南县抓住成为全国生态综合补偿试点县的重大机遇，重点围绕创新森林生态效益补偿、推进建立流域上下游生态保护补偿机制、发展生态优势特色产业、推动生态保护补偿 4 个方面六大重点任务，迅速启动《肃南县生态综合补偿试点县实施方案》编制工作。

明晰政策，促进绿色转型发展。肃南县严格按照合法合规合理原则，扎实开展生态保护补偿试点工作，切实将生态保护补偿与国家公园、主体功能区规划、乡村振兴战略、区域高质量发展等政策有机结合起来。依托肃南县资源优势，设计生态系统保护与修复补偿、流域上下游水生态保护补偿两种生态保护补偿类型，以资源环境承载能力为前提，着力构建生态产业体系，不断推动经济发展的质量变革、效率变革、动力变革，大力发展区域生态农业、文化旅游等绿色产业，加速县域经济转型发展。

科学谋划，扎实做好项目筹备。立足肃南县长远发展需要，坚持高质量发展、绿色发展的基本方向，找准肃南在黄河流域生态保护、祁连山生态环境保护中的坐标点，找准生态保护补偿、生态建设的着力点和产业发展、项目建设的结合点，把补偿规划、生态产业、环保基建、政策保障作为一体来谋划、推进，初步梳理生态综合补偿试点项目 32 个，总投资 33.16 亿元，其中奖励补助类项目 10 个，投资 15.63 亿元；中央投资类项目 9 个，投资 7.74 亿元；产业发展类项目 13 个，投资 9.79 亿元。持续加大项目投资建设力度，不断提升资源环境承载力，推进产业转型升级，逐步形成生态和产业互利共生的新格局。

专栏 4-2　全国生态综合补偿试点县典型经验

安徽省岳西县：安徽省岳西县践行“绿水青山就是金山银山”绿色发展理念，在全国率先开展国家级自然保护区生态保护补偿试点，探索县内外、上下游流域的集中式饮用水水源地生态保护补偿试点，被成功列入全国生态综合补偿试点县。岳西县围绕生态保护补偿，打好“组合拳”，出台“1+4”政策体系，即 1 个综合试点实施方案和 4 个专项方案，明确生态综合补偿试点的主要目标和重点工作，创新生态保护补偿方式的主要思路和政策措施，打造生态综合补偿试点岳西样板。

青海省泽库县：青海省泽库县牢固树立“绿水青山就是金山银山”理念，聚力筑牢国家生态安全屏障，全力推进森林、草原和流域上下游生态保护补偿，大力发展优势生态产业，创新生态综合补偿体制机制，构建生态综合补偿新格局。

云南省剑川县：云南省剑川县作为首批国家生态综合补偿试点县之一，不断提升生态保护补偿资金使用效益，增强生态保护自我造血能力，明显提升了生态保护者和建设者的主动参与度，基本建立了与县域经济发展水平相适应的生态综合补偿机制。

江西省石城县：江西省石城县紧扣抓生态就是增强县域发展竞争力的生态文明理念，大力发展三大产业，创新四大模式，健全三项机制，生态综合补偿试点工作取得阶段性成效，“造血”能力、“增收”本领进一步增强。

江西省资溪县：江西省资溪县为首批国家生态保护补偿试点县之一，县委、县政府精心编制了《资溪县国家生态综合补偿试点实施方案》，认真组织实施生态综合补偿工作。

福建省永泰县：福建省永泰县始终坚持生态优先、绿色发展战略，持之以恒地推进生态文明建设，生态综合补偿试点工作进展顺利。

海南省琼中黎族苗族自治县：该县立足海南岛中部生态核心区重要地位，不断完善生态综合补偿试点制度机制，探索“绿水青山就是金山银山”的实现路径，推动实现保护生态与富民发展双赢。

四川省色达县：四川省色达县以"生态增绿、产业增效、牧民增收"为目标，全力以赴抓好生态综合补偿试点工作，先后实施生态综合补偿试点项目 9 个，助推农牧区经济社会高质量发展。

4.3 区域性生态保护补偿

4.3.1 国家重点生态功能区补偿

提升国家重点生态功能区转移支付资金使用效率。为引导地方政府加大生态环境保护力度，提高国家重点生态功能区所在地政府基本公共服务保障能力，中央财政在均衡性转移支付项下设立国家重点生态功能区转移支付。为推进生态文明建设，引导地方政府加强生态环境保护，提高生态功能重要地区基本公共服务保障能力，2021 年 7 月，财政部发布《关于下达 2021 年中央对地方第二批重点生态功能区转移支付预算的通知》（财预〔2021〕84 号），按照中央对地方重点生态功能区转移支付办法，将 2021 年第二批重点生态功能区转移支付预算下达至各省（区、市），总计下达 881.90 亿元①，其中对甘肃省的补助最多，为 74.06 亿元；就用途而言，重点补助数额最大，为 700.92 亿元（表 4-1）。该通知要求省级财政部门要根据本地财力情况，制定省对下重点生态功能区转移支付办法，将相关资金落实到位；基层政府要将转移支付资金用于保护生态环境和改善民生，加强资金使用管理，提高资金使用效益。

---

① 数据来源：财政部，《财政部关于下达 2021 年中央对地方第二批重点生态功能区转移支付预算的通知》（财预〔2021〕84 号），2021.7。

表 4-1　2021 年中央对地方重点生态功能区转移支付分配情况[①]

单位：万元

省（区、市）	2021 年补助总额	其中		补助总额明细								
		已经下达	此次下达	重点补助	其中			禁止开发补助	其中	引导性补助	考核奖励	考核扣减
					长江经济带补助	西藏和四省涉藏州县生态保护补偿	支持南水北调中线水源地生态保护补偿		西藏和四省涉藏州县生态保护补偿			
北京	22 100	22 100		13 900				7 600		600		
天津	8 440	7 100	1 340	5 200				1 900			1 340	
河北	432 400	416 300	16 100	371 700				16 200		28 400	18 100	−2 000
山西	118 650	111 000	7 650	98 200				10 100		2 700	8 850	−1 200
内蒙古	380 470	372 400	8 070	297 900				25 100		49 400	10 770	−2 700
辽宁	60 300	59 900	400	18 300				16 000		25 600	400	
大连	1 800	1 800		100				1 700				
吉林	115 100	115 100		85 400				15 700		14 000		
黑龙江	331 850	309 100	22 750	254 400				33 200		21 500	27 550	−4 800

① 数据来源：《财政部关于下达 2021 年中央对地方第二批重点生态功能区转移支付预算的通知》（财预〔2021〕84 号），2021.7。

省（区、市）	2021 年补助总额	其中		补助总额明细								
		已经下达	此次下达	重点补助	其中			禁止开发补助	其中	引导性补助	考核奖励	考核扣减
					长江经济带补助	西藏和四省涉藏州县生态保护补偿	支持南水北调口线水源地生态保护补偿		西藏和四省涉藏州县生态保护补偿			
上海	7 400	7 400		5 200	5 200			2 200				
江苏	21 900	21 900		15 100	15 100			6 800				
浙江	49 800	49 800		31 700	15 900			18 100				
安徽	248 160	244 900	3 260	148 600	38 500			15 400		83 400	3 260	
福建	137 560	136 500	1 060	66 900				16 700		52 900	1 060	
江西	235 780	235 100	680	172 900	54 600			20 200		45 500	680	
山东	97 010	97 000	10	71 400				17 100		8 500	1 810	−1 800
河南	254 250	249 700	4 550	128 400			7 600	18 300		103 000	4 550	
湖北	413 140	403 600	9 540	354 200	36 400		15 000	14 300		38 600	9 540	
湖南	511 040	503 000	8 040	438 800	45 000			20 800		48 400	8 040	
广东	136 570	135 500	1 070	82 400				15 000		38 100	1 070	
广西	316 550	314 600	1 950	266 900				14 600		33 100	1 950	
海南	215 800	215 800		209 500				6 300				
重庆	266 900	266 900		178 400	35 200			11 600		77 900		

省（区、市）	2021年补助总额	其中		补助总额明细								
		已经下达	此次下达	重点补助	其中			禁止开发补助	其中	引导性补助	考核奖励	考核扣减
					长江经济带补助	西藏和四省涉藏州县生态保护补偿	支持南水北调中线水源地生态保护补偿		西藏和四省涉藏州县生态保护补偿			
四川	557 800	557 800		472 500	65 600	92 600		49 700	16 600	39 600		
贵州	625 090	622 200	2 890	529 600	52 200			14 200		88 400	2 890	
云南	644 500	644 500		561 900	86 300	17 800		32 800	9 900	64 800		
西藏	313 900	313 900		206 400		59 000		105 400	68 900	6 100		
陕西	404 070	400 100	3 970	320 200			55 300	15 000		64 900	3 970	
甘肃	740 620	733 200	7 420	615 100		35 200		40 700	15 900	82 900	9 320	−1 900
青海	465 360	461 800	3 560	390 600		95 400		74 200	38 700		6 660	−3 100
宁夏	200 040	191 900	8 140	182 400				4 600		4 900	8 140	
新疆	484 600	484 600		415 000				38 500		41 100		
地方合计	8 818 950	8 706 500	112 450	7 009 200	450 000	300 000	77 900	700 000	150 000	1 064 300	129 950	−17 500

专栏 4-3 北京市实施区域综合性生态保护补偿，坚决守护好首都绿水青山

为进一步加大对生态涵养区政策资金支持力度，北京市自 2018 年起建立生态保护补偿转移支付引导机制，每年安排 30 亿元资金，对门头沟区、平谷区、怀柔区、密云区、延庆区、昌平区、房山区 7 个生态涵养区给予支持，围绕“两山三库五河”，实施高水平生态涵养保护，坚决守护好首都生态屏障和水源地，生态文明建设取得突出成效。

空间规划管控力度持续加大。生态涵养区严格执行新增产业的禁止和限制目录，加大拆除违法建设、腾退土地等专项整治力度，确保区域生态空间只增不减、土地开发强度只降不升。2017—2020 年，门头沟区、平谷区、怀柔区、密云区、延庆区累计拆除违法建设 1 404.9 万 m^2、腾退土地 2 046.9 hm^2，退出一般制造业企业 246 家，为生态涵养区的绿色发展腾出宝贵空间。

高水平生态涵养保护成效显著。通过实施百万亩造林绿化、京津风沙源治理、太行山绿化等重大生态建设工程，生态涵养区绿色生态空间不断扩大。截至 2020 年年底，生态涵养区森林覆盖率达到 62%，高于全市 17.6 个百分点。全市统筹推进水污染防治与水生态建设，实现主要河流跨界断面全部达标，密云水库、怀柔水库水质稳定达到Ⅱ类标准，官厅水库水质保持Ⅳ类标准，确保了首都水源安全稳定。空气质量始终保持优良，2020 年年底，生态涵养区 $PM_{2.5}$ 平均质量浓度为 31 μg/m^3，比 2016 年降低 33 μg/m^3，生态涵养区成为北京名副其实的“大氧吧”。

生态文明示范创建工作顺利推进。生态涵养各区积极打造生态文明样板，平谷区、延庆区成功创建“国家森林城市”，怀柔区、密云区已达到创建要求；延庆区、密云区、门头沟区被评为“国家生态文明建设示范市县”；延庆区、密云区、门头沟区和怀柔区成功创建“绿水青山就是金山银山”实践创新基地；密云区成为全国首批“水生态文明城市”。

4.3.2 生态保护红线补偿

目前生态保护红线补偿机制尚未建立。自 2017 年 2 月中共中央办公厅、国务院办公厅发布《关于划定并严守生态保护红线的若干意见》以来，国家层面出台了一系列技术规范，地方各级党委和政府切实履行划定并严守生态保护红线的主体责任，生态保护红线工作取得积极进展。2021 年 12 月，生态环境部组织起草了《生态保护红线监督办法（试行）（征求意见稿）》，旨在加强生态保护红线生态环境监督。

4.4 流域生态保护补偿

长江全流域建立横向生态保护补偿机制。2021 年 4 月，财政部、生态环境部、水利部、国家林业和草原局联合发布《支持长江全流域建立横向生态保护补偿机制的实施方案》（财资环〔2021〕25 号），加快推动长江流域形成共抓大保护工作格局，提出巩固长江经济带现有流域横向生态保护补偿机制建设成果，推动建立长江全流域横向生态保护补偿机制，实现流域高水平生态保护和高质量发展，明确中央财政支持引导长江沿线 19 省（区、市）进一步建立流域横向生态保护补偿机制，每年从水污染防治资金中安排一部分资金作为引导和奖励资金，奖励资金重点支持干流跨省流域横向生态保护补偿机制建设，兼顾对重要支流跨省流域横向生态保护补偿机制建设的支持。对于在干流建立跨省流域横向生态保护补偿机制的省（区、市），按照“早建多补”的原则，结合协议签订的地方补偿资金规模和生态功能重要程度等情况安排奖励资金；对于在重要支流建立跨省流域横向生态保护补偿机制的省（区、市），根据流域外溢性、生态功能重要程度以及协议签订的资金规模等情况安排奖励资金；对于在省内建立流域横向生态保护补偿机制的省（区、市），原则上不单独安排奖励资金。

黄河流域（四川—甘肃段）建立横向生态保护补偿制度。为加快建立黄河流域横向生态保护补偿机制，推动黄河上游川甘青水源涵养区生态保护和高质量发展，甘肃与四川两省政府正式签订了《黄河流域（四川—甘肃段）横向生态补偿协议》，指出 2021 年 1 月至 2022 年 12 月在黄河干流四川—甘肃段（黄河干流甘肃、四川为左右岸）开展首轮试点。协议规定，设定的考核目标为两省境内黄河流域国控跨省考核断面水质稳定达到国家考核标准，两省境内流域生态流量得到有力保障。其中黄河干流玛曲断面水质稳定达到国家考核Ⅱ类水质标准，水质考核指标依据为《地表水环境质量标准》（GB 3838—2002），水质数据以中国环境监测总站公布的水质监测数据为准。资金方面，四川、甘肃两省按照 1∶1 的比例共同出资 1 亿元设立黄河流域川甘横向生态保护补偿资金，专项用于流域内污染综合治理、生态环境保护、环保能力建设等方面。若玛曲水质监测断面当年未达到国家考核Ⅱ类水质标准，一方能举证为对方污染造成，则由污染方向举证方支付补偿资金。协议同时规定，依托流域横向生态保护补偿机制平台，两省各级政府间加强区域协作，统筹开展产业、科教、人才、旅游和生态环境保护等方面合作，推动流域经济社会高质量发展，并积极开展流域精细化管理和多元化、市场化补偿方式的探索与实践。

鲁豫建立省际黄河流域横向生态保护补偿机制。2021 年 4 月，山东省人民政府与河南省人民政府签订了《黄河流域（豫鲁段）横向生态保护补偿协议》。两省经协商，将水质基本补偿和水质变化补偿作为补偿标准。水质基本补偿方面，在国家规定Ⅲ类水质标准基础上，刘庄国控断面水质年均值每改善一个水质类别，山东省给予河南省 6 000 万元补偿资金；每恶化一个水质类别，河南省给予山东省 6 000 万元补偿资金。水质变化补偿方面，刘庄国控断面年度关键污染物［化学需氧量（COD）、氨氮（NH_3-N）、总磷］指数每同比下降 1 个百分点，山东省给予河南省 100 万元补偿；每同比上升 1 个百分点，河南省给予山东省 100 万元补偿，该项补偿最高限额 4 000 万元。山东省同河南省建立的黄河流域横向生态保护补偿机制，将共同推动实现黄河干流跨省界断面（刘庄国控断面）水质稳中向好，COD、NH_3-N 两项主要污染物排放总量逐步下降的目标。

贵州省推进省内赤水河流域生态保护补偿。2020 年 12 月，贵州省人民政府办公厅出台了《贵州省赤水河等流域生态保护补偿办法》（黔府办发〔2020〕32 号）。该办法以“谁超标谁付费，谁保护谁受益”“市县为主，省级奖补”为原则，建立健全“统一方式、统一因子、统一标准”的流域横向补偿机制，充分调动各地各部门保护水环境的积极性，不断改善贵州省赤水河等流域生态环境质量。同时，该办法还明确了贵州省赤水河流域生态保护横向补偿计算方法。

山东省实现全省县际流域横向生态保护补偿机制全覆盖。为充分调动流域上下游县（市、区）治污积极性，加快形成责任清晰、合作共治的流域保护和治理长效机制，促进流域生态环境质量不断改善，山东省生态环境厅、财政厅印发了《关于建立流域横向生态补偿机制的指导意见》（以下简称《指导意见》）（鲁环发〔2021〕3 号），在现行纵向生态保护补偿体系的基础上，建立流域横向生态保护补偿机制，该意见明确指出，每个断面年度补偿资金额度原则上不低于 1 000 万元。2021 年 10 月底前，山东省全面完成县际横向生态保护补偿协议签订工作，实现县际流域横向生态保护补偿全覆盖。《指导意见》的主要内容涉及补偿基准、补偿方式、补偿额度、水质测定、联防共治等方面。将流域跨界断面水质类别或者特征因子浓度值作为补偿基准，在补偿方式上，原则上以资金补偿为主，补偿资金主要用于辖区内流域生态环境保护治理与水污染防治等。鼓励各地根据实际需求，积极探索对口协作、产业转移、人才培训、共建园区等其他补偿方式。在补偿额度上，每个断面年度补偿资金额度原则上不低于 1 000 万元。断面上游或者下游为界河的，补偿金额由左右岸县（市、区）平均分配或者由上级部门审核确定。

专栏 4-4　横向流域生态保护补偿实施典型案例

案例一：山西省重点开展了汾河流域横向生态保护补偿试点，实施范围为沿汾河上中下游忻州、太原、晋中、吕梁、临汾、运城 6 个设区市。在现有的地表水跨界断面生态保护补偿考核机制和汾河生态水水费补助机制的基础上调整优化，明确上下游补偿基准，将流域上下游交接断面的水质、生态流量作为补偿依据；设立汾河流域横向生态保护补偿金，科学计算、合理分配；利用财政预算结算等手段，吸纳社会资本参与，实现汾河流域上下游横向生态保护补偿有效落地。

案例二：宜春市是江西省首个实施市内跨县流域上下游生态保护补偿机制的设区市，也是江西省首个签订跨设区市上下游横向生态保护补偿协议的设区市。自 2018 年 11 月以来，宜春市生态环境局会同财政、水利、发改等多个部门，针对每条河流的本底情况，以赣江、修水、锦江、肖江、潦河、袁河等 13 条干支流流域内的 10 个县（市、区）和 3 个区（宜春市经济开发区、宜阳新区、明月山风景名胜区）为行政主体，“量身定做”了 18 份流域补偿协议。像宜春市这样实施区域内部横向补偿的市，江西省已经实现 11 个设区市全覆盖。截至 2020 年年底，江西全省签订省内流域上下游横向生态保护补偿协议 90 份，80%以上的县（市、区）建立起横向生态保护补偿机制。

4.5 其他领域生态保护补偿

4.5.1 草原生态保护补助奖励

草原生态保护补助奖励政策取得阶段性成效。草原生态保护补助奖励政策是我国草原牧区投入规模最大、覆盖面最广、涉及农牧民最多的一项惠草惠牧惠农政策。落实草原禁牧和草畜平衡制度是草原生态保护补助奖励政策的重要内容。10 年来，国家投入资金超过 1 500 亿元，政策覆盖河北、内蒙古等 13 个省（区、市），657 个县、旗（团场、农场），1 200 多万农牧户。全国 12.1 亿亩草原通过禁牧封育得以休养生息，26.1 亿亩草原通过季节性休牧轮牧和减畜初步实现草畜平衡，草原生态进一步恢复，草原牧区农牧民收入持续增长，草牧业生产方式加快转变，牧民保护草原意识明显增强，牧区生产生活生态在保护中发展，草原生态保护取得了显著的阶段性成效。

第三轮草原生态保护补助奖励政策继续推进。2021 年 11 月，国家林草局办公室、农业农村部办公厅联合印发《关于落实第三轮草原生态保护补助奖励政策　切实做好草原禁牧和草畜平衡有关工作的通知》（办草字〔2021〕110 号），部署第三轮草原生态保护补助奖励政策实施期间草原禁牧和草畜平衡有关工作。为进一步巩固草原生态保护成果，"十四五"期间，继续在内蒙古等 13 个省（区、市）以及新疆生产建设兵团和北大荒农垦集团有限公司实施第三轮草原生态保护补助奖励政策，财政部、农业农村部、国家林草局就政策实施联合制定印发《第三轮草原生态保护补助奖励政策实施指导意见》（财农〔2021〕82 号）。第三轮草原生态保护补助奖励政策投入资金有增无减，实施范围进一步扩大。

专栏 4-5 黑龙江省推进实施草原生态保护补助奖励机制

2021 年黑龙江省为切实落实好国家草原生态保护补助奖励有关政策和要求，加快推进草牧业生产方式转变，促进牛羊生产高质高效发展，制定了《黑龙江省 2021 年草原生态保护补助奖励政策实施方案》。全省通过实施草原生态保护补助奖励政策，加快转变草牧业发展方式，全面提升草食动物养殖效益和供给能力，稳步提高农牧民收入，促进草食畜牧业持续发展。

草原生态保护补助奖励政策项目采取“先建后补”方式，即项目单位先行筹集资金建设，待项目经市（县）验收合格、公示无异议后，兑现补助资金。补助对象为肉牛、肉羊等草食动物规模化养殖场，养殖场要落实禁牧责任。规模养殖场原则上按以下标准掌握：肉牛存栏 100 头以上；肉羊存栏 500 只以上。按肉牛实际存栏 100 头为一个单元折算补助额度，按肉羊实际存栏 500 只为一个单元折算补助额度，机械设备的补贴标准不超过实际购买价格的 30%。每个养殖单元的补助标准视申报情况由市（县）统筹后确定。草原生态保护补助奖励政策主要针对以下 4 点进行补助：一是支持扩大生产规模，如新建或改扩建牛舍、羊舍、青贮窖等主要生产设施；二是支持改善生产条件，如购置养殖、饲草料生产加工等机械设备；三是支持提高粪污资源化利用水平，如购置粪污前期收集、贮存、预处理和还田设备，完善配套设施等硬件水平；四是市（县）可统筹实施“一揽子”政策，补奖资金可用于推动生产转型，提高草牧业现代化水平，缓解天然草原放牧压力。

专栏 4-6 西藏自治区推进实施草原生态保护补助奖励机制

“十三五”时期，在自治区党委、政府的领导下，在各级政府的不懈努力下，第二轮草原生态保护补助奖励政策深入实施，西藏自治区草原生态、畜牧业生产和牧民生活发生了可喜变化。2020 年全区牲畜年末存栏为 1 657.53 万头（只、匹），较 2015 年减少 175.15 万头（只、匹）；草原综合植被覆盖率由 2015 年的 42.3%提高到 47.14%；天然草原产草量达到 1.15 亿 t，比 2015 年提高 41.7%；牧民年人均草原补奖政策性收入近 3 000 元，改则、双湖等牧区县人均享受草奖政策的收入达到 5 000 元。95%以上的农牧民对政策实施效果表示满意，广大农牧民群众在惠民政策受益中深怀感恩之情，保护生态安全、奔向美好生活的愿望日益强烈。

为继续推进草原生态保护，自治区政府结合实际，制定了《西藏自治区第三轮草原生态保护补助奖励政策实施方案（2021—2025 年）》。按照国家下达自治区年度草原生态保护补助奖励政策资金 34.20 亿元测算，直补到户资金 28.7 亿元，整合用于巩固拓展脱贫攻坚成果与乡村振兴衔接资金 5.5 亿元。补助奖励标准主要为增量资金，主要对改则、安多等 40 个县（区）实行差异化政策，草畜平衡奖励和禁牧补助标准分别为 2.5 元/（亩·a）和 7.5 元/（亩·a），分别较 2020 年提高 0.5 元/（亩·a）和 1.5 元/（亩·a）；纯牧户限高标准为 7 300 元/（人·a），保底标准为 2 000 元/（人·a），分别较 2020 年提高 1 300 元/（人·a）和 900 元/（人·a）；其他县（区）草畜平衡奖励和禁牧补助标准分别为 2 元/（亩·a）和 6 元/（亩·a），纯牧户限高标准为 6 000 元/（人·a），保底标准为 1 100 元/（人·a），均与 2020 年保持不变。牲畜清点主要是通过每年 12 月至翌年 1 月，对纳入草原生态保护补助奖励政策的农牧户进行牲畜清点；禁牧补助、草畜平衡奖励采取“一卡通”直补到户的方式。

4.5.2 森林生态效益补偿

多地探索完善森林生态保护补偿制度。山东省为充分发挥财政资金激励引导作用，调动各地植树造林积极性，提升全省森林生态系统功能，助力“碳中和”目标实现，山东省财政厅、自然资源厅研究制定了《山东省森林生态补偿办法（试行）》（鲁财资环〔2021〕35 号）。该办法以“稳定存量、突出增量、正向激励、奖惩结合”为原则，根据各设区市（不含青岛市，以下简称各市）森林生态环境变化情况，由省级对各市补偿资金或者由各市向省级缴纳资金。综合考虑全省第三次国土资源调查结果和“三区三线”划定情况，对生态公益林面积、森林蓄积量、新增造林面积、退化林修复面积、农田林网面积和见缝插绿面积实施生态保护补偿。同时明确了森林生态保护补偿标准，将森林生态保护补偿分为生态公益林补偿、森林蓄积量补偿和新造林补偿。

为持续推进广州市生态公益林保护、管理、建设和补偿工作，不断健全科学的生态公益林补偿机制，通过借鉴珠三角周边城市和外省先进地区经验，制定了《2021—2025 年广州市生态公益林补偿实施方案》（穗林业园林规字〔2021〕2 号），对生态公益林补偿的实施范围和依据、总体原则、主要内容、资金拨付和管理等进行了规范，对各部门分工和保障措施做了明确规定。核心内容是明确新的补偿标准、提高北部各区管护经费、取消森林管护区和补贴。

2021 年林业草原生态保护恢复资金分配情况见表 4-2。

表 4-2　2021 年林业草原生态保护恢复资金分配情况

单位：万元

省（区、市）	分配情况
河　北	65 228

省（区、市）	分配情况
山　西	125 304
内蒙古	449 551
辽　宁	19 890
吉　林	319 000
黑龙江	568 314
浙　江	5 400
安　徽	19 902
福　建	27 200
江　西	70 195
河　南	35 236
湖　北	44 636
湖　南	48 014
广　东	2 400
广　西	57 014
海　南	12 000
重　庆	85 168
四　川	119 221
贵　州	317 723
云　南	314 358
西　藏	89 473
陕　西	96 236
甘　肃	128 197
青　海	95 154
宁　夏	23 975
新　疆	153 423
总　计	3 292 212

4.5.3 海洋生态保护补偿

海洋生态保护补偿制度持续推进。2021 年为鼓励推进跨区域开展海洋生态保护修复和生态保护补偿，我国继续实施 2020 年财政部印发的《海洋生态保护修复资金管理办法》（财资环〔2020〕24 号），财政部下达了 2021 年海洋生态保护修复资金预算计划。保护修复资金采用因素法分配，财政部会同自然资源部根据党中央、国务院决策部署，结合各省海洋生态保护修复形势、财力状况等，选取确定分配因素。

沿海地区积极探索海洋生态保护补偿机制。2020 年 12 月，山东省财政厅、生态环境厅、自然资源厅、海洋局联合印发《山东省海洋环境质量生态补偿办法》（鲁财资环〔2020〕29 号），充分发挥财政政策激励约束作用，加快推动海洋生态保护修复，促进海洋环境质量持续改善。该办法依据不同要素特点，注重分类施策，主要从生态保护成果、直接影响因素、间接影响因素 3 个方面出发，实施海域水质、入海污染物控制、海岸带生态系统保护 3 类补偿（赔偿）。海南省出台《海南省海洋经济发展“十四五”规划（2021—2025 年）》，明确指出要完善海洋生态保护补偿制度。海南省还制定出台了《海南省海洋生态保护补偿实施方案》，完善海南省海洋生态保护补偿机制。该方案坚持“使用资源付费”和“谁污染环境、谁破坏生态谁付费”原则，明确各领域的补偿主体、受益主体、补偿程序、监管措施等，综合运用财政、税收和市场手段，形成奖优罚劣的海洋生态效益补偿机制、损害赔偿和责任追究机制。浙江省在《浙江省海洋生态环境保护“十四五”规划》中指出，“十三五”期间，浙江省以改善海洋环境质量为核心，统筹近岸海域污染防治和生态保护，海洋生态环境保护工作取得显著成效。同时也指出，海洋生态环境保护工作虽然取得了积极成效，但仍面临一些深层次问题。“十四五”期间，浙江省将强化海洋生态保护修复监管。加快完善海洋生态保护修复评估体系，定期评估全省及重点区域海洋生态系统质量和稳定性；制定海洋生态保护修复监管办法，建立生态修复项目监管系统，对海洋生态修复实施全过程监管，落实跟踪监测和效果评估，实现规划范围可查、实施区域可看、管理流程可溯、实施效果可评等。

4.5.4 湿地生态保护补偿

完善湿地生态保护补偿政策。2021 年 12 月，第十三届全国人大常务委员会第三十二次会议通过了《中华人民共和国湿地保护法》，其中第三十六条规定要建立湿地生态保护补偿制度。国务院和省级人民政府应当按照事权划分原则加大对重要湿地保护的财政投入，加大对重要湿地所在地区的财政转移支付力度。国家鼓励湿地生态保护地区与湿地生态受益地区人民政府通过协商或者市场机制进行地区间生态保护补偿。因生态保护等公共利益需要，造成湿地所有者或者使用者合法权益受到损害的，县级以上人民政府应当给予补偿。

推进湖泊湿地生态保护补偿机制建设。2021 年 5 月，国家发展改革委发布《关于加快推进洞庭湖、鄱阳湖生态保护补偿机制建设的指导意见》(发改振兴〔2021〕750 号)，加快推进“两湖”生态保护补偿机制建设，加强“两湖”流域在生态环境保护领域的共商、共建、共治和共享。该意见提出，到 2030 年，跨省流域生态保护协作关系初步建立；到 2035 年，市场化、多元化生态保护补偿市场体系建设基本完成。2021 年 11 月，国家发展改革委印发《关于加强长江经济带重要湖泊保护和治理的指导意见》(发改地区〔2021〕1617 号)，鼓励重要湖泊所在地建立生态保护补偿机制，推动重要湖泊及重要湖泊出入湖河流所在地积极探索流域生态保护补偿的新方式，协商确定湖泊水生态环境改善目标，加快形成湖泊生态环境共保联治格局。

天津市健全湿地生态保护补偿政策。为建立天津市绿色生态保护补偿长效机制，持续推动湿地生态保护补偿和修复工作，2021 年天津市财政局会同规划和自然资源局修订并印发了《天津市市级湿地生态补偿资金管理办法》。该办法规定，“十四五”期间，天津市财政继续按照每亩 500 元标准，对天津市重要湿地自然保护区实施退耕还湿、退渔还湿工程流转的集体土地给予补偿。初步测算，涉及相关区湿地流转集体土地 21 万亩，每年市财政将安排补偿专项资金约 1 亿元。

4.5.5 矿产资源补偿

推动建立矿产资源合理补偿制度。中共中央办公厅、国务院办公厅印发的《关于统筹推进自然资源资产产权制度改革的指导意见》提出，建立健全依法建设占用各类自然生态空间和压覆矿产的占用补偿制度，严格占用条件，提高补偿标准。

专栏 4-7　各地推进矿山环境治理恢复基金管理

重庆市：为进一步推进矿山地质环境恢复治理相关工作，加强矿山地质环境治理恢复基金规范管理，切实督促企业履行矿山地质环境治理恢复与土地复垦义务，2021 年 8 月重庆市财政局、规划和自然资源局印发了《重庆市矿山地质环境治理恢复基金管理办法》（渝财规〔2021〕5 号）。该办法提出，矿山企业应依据相关规定编制《矿山地质环境保护与土地复垦方案》，按照“谁发证、谁审批”原则，报相应规划自然资源主管部门审批；依据审查通过的《矿山地质环境保护与土地复垦方案》，按要求计提、支取、使用矿山地质环境治理恢复基金；根据监管要求，在“重庆市生态修复系统”中录入矿山地质环境治理恢复基金计提、使用等相关材料；切实用好矿山地质环境治理恢复基金，发挥基金使用效力，确保矿山建设、开采和治理恢复符合生态要求；按要求承担矿山地质环境治理恢复与土地复垦、矿山地质环境监测主体责任，切实履行矿山地质环境治理恢复与土地复垦义务，以及其他涉及矿山地质环境治理恢复与土地复垦的相关责任。

四川省：2021 年 8 月，四川省自然资源厅印发《四川省在建与生产矿山生态修复管理办法》（川自然资发〔2021〕27 号），明确采矿权人的生态修复责任和义务，要求采矿权人依照国家有关规定，计提矿山地质环境治理恢复基金，专项用于矿山生态修复。该办法中明确规定，采矿权人在生产过程中应做到“谁开发、谁修复，边开采、边修复”，制订矿山年度生态修复计划并按计划逐年开展矿山生态修复，确保生态修复工程与矿产资源开采活动同步开展。新设立采矿权人应于取得采矿许可证后 1 个月内建立矿山地质环境治理恢复基金账户；已开采矿山应在该办法施行之日起 1 个月内建立或完善基金账户。服务年限在 3 年以下（含 3 年）的矿山，在设定基金账户后，对修复总投资额一次性计提，存入基金账户；服务年限在 3 年以上的矿山，对修复总投资额可分期计提，存入基金账户，第一次计提数额不得少于总投资额的 20%，余额按年度分摊。矿山关闭前一年完成全部基金计提。

河南省：为规范和加强河南省矿山地质环境治理恢复资金管理，落实矿山企业地质环境治理恢复和土地复垦责任，河南省财政厅、自然资源厅、生态环境厅印发了《河南省矿山地质环境治理恢复基金管理办法》，对基金的计提、使用和监管进行了明确。基金按照“企业所有、专户储存、专款专用”的原则进行管理。矿山企业应当按照规定在其银行账户中设立基金账户，单独反映基金的提取和使用情况。矿山企业应按照满足实际需求的原则，根据自然资源主管部门审查通过的《矿山地质环境保护与土地复垦方案》，将矿山地质环境治理恢复和土地复垦费用按照会计准则规定预计弃置费用，计入相关资产的入账成本，在预计开采年限内根据产量比例等方法按月摊销，计入当月的生产成本，依据税法相关规定在所得税前列支。矿山企业应当按照《矿山地质环境保护与土地复垦方案》中年度治理任务明确基金使用计划，严格落实矿山地质环境保护、治理恢复与土地复垦等责任。对于不履行矿山地质环境治理恢复和土地复垦义务或履行不到位且拒不整改的，可由矿山企业所在地县级资源主管部门委托第三方进行治理恢复，所需费用由矿山企业负担。

湖南省：为规范矿山地质环境治理恢复与土地复垦费用管理，2019年，湖南省自然资源厅、生态环境厅联合印发《湖南省矿山地质环境治理恢复基金管理办法》，对基金的计提、使用和监管进行了明确规定。湖南省各市（州）、县（市、区）人民政府应督促矿山企业坚持“生态优先、绿色发展”的理念，立足山水林田湖草生命共同体，系统开展矿山地质环境保护与治理恢复，提升矿山地质环境承载力，促进生态文明建设和可持续发展。同时矿山企业应按照《矿山地质环境综合防治方案编制规范》（DB43/T 1042—2015）自行编制或委托有资质的单位编制方案，在方案中要将矿山地质环境治理、恢复和监测等费用足额列入经费估算，根据经费估算核定基金，确保满足矿山地质环境保护与治理恢复需求。矿山企业分年度提取的基金不足以完成本年度矿山地质环境保护与治理恢复任务的，或低于年度实施方案估算的矿山地质环境保护与治理恢复费用的，应自行补足本年度实际所需费用。按照年度实施方案完成矿山地质环境保护与治理恢复任务后的结余资金结转下年度继续使用。

4.5.6 环境空气质量生态保护补偿

一些地方探索深化环境空气质量生态保护补偿办法。2021 年，江苏省海安市出台《海安市环境空气质量生态补偿办法（试行）》（海政办发〔2021〕26 号）。明确以细颗粒物（$PM_{2.5}$）平均浓度、臭氧平均浓度、优良天数比例、臭氧污染天数、空气质量目标完成情况等为考核指标，以各区镇为考核对象，明确补偿方法计算公式，建立考核奖惩和生态保护补偿机制。自该办法实行以来，市域大气环境治理取得了显著成效，通过生态保护补偿考核机制，倒逼各区镇积极排查污染源，实施大气治理，进一步压实了地方政府科学治气、精准治气的主体责任，部分区镇的环境空气质量得到显著改善。以白甸镇为例，2020 年白甸镇 4—10 月 $PM_{2.5}$ 平均质量浓度为 28.4 $\mu g/m^3$；2021 年同期 $PM_{2.5}$ 平均质量浓度为 23.6 $\mu g/m^3$，同比下降 16.9%。

4.6 小结

4.6.1 存在的问题

生态保护补偿制度有待健全。总体来看，生态保护补偿的范围仍然偏小、标准偏低，保护者和受益者良性互动的体制机制尚不完善，一定程度上影响了生态环境保护措施落实的成效。目前尚缺乏相对统一完善的生态保护补偿标准核算方法体系，各地在“补多少”上面存在较大争议，地方反映补偿政策精准化不够。我国生态保护补偿机制不完善，尤其是国家层面的生态保护补偿标准体系尚未建立健全，各地对跨地区生态保护补偿的依据、标准和方式尚未形成共识，在一定程度上制约了跨地区横向生态保护补偿长效机制的建立；补偿资金渠道比较单一，产业、技术、人才等多元化、市场化生态保护补偿形式欠缺；补偿领域相对较窄，是以对自然生态资源、矿产资源的补偿为主，缺乏对环境保护或产业退出以及因保护而调整农业内部结构的补偿。

生态保护补偿长效实施机制不完善。随着生态保护补偿的领域不断拓宽、范围不断扩大、标准不断提高，以中央财政资金为主要来源的生态保护补偿制度的可持续性有待提升。生态保护补偿地区多为生态脆弱的欠发达地区。对于这些地区而言，生态保护补偿兼具生态扶贫功能，补偿资金需求较大。特别是重点生态功能区、禁止开发区等地区承担生态涵养、水源涵养等功能，不宜大规模开发，本地财政收入低且提升空间小，对中央生态保护补偿资金需求提出了更高要求。一些生态保护补偿 PPP 项目投入大、周期长且风险分担机制不完善，社会资本参与的积极性不高，加剧了生态保护补偿的财政压力。此外，地方生态保护补偿资金使用情况的监管考核仍存在执行力度低、有效性待提高等问题。生态保护补偿绩效考核具有“重项目、轻绩效”的特点，无法准确识别生态保护补偿的实际效果，难以保障生态保护补偿资金的高效利用，降低了以中央财政转移支付为重要支撑的生态保护补偿机制的可持续性。

相关政策协同性有待提高。我国生态保护补偿机制与污染治理、生态保护修复等政策之间的衔接不断加强，但生态保护补偿机制与其他政策的协同性仍有待提高。由于缺少行之有效的生态价值核算手段及合理的利益分配机制，生态保护补偿机制与产业政策之间的融合性不强，延缓了生态保护补偿“输血”向“造血”转变的进程。而且，生态保护补偿的产业化方式仍不成熟，区域生态产业化和产业生态化的路径仍有待探索，难以将环境污染治理、生态系统保护修复与生态产业高质量发展有效衔接起来。随着生态文明体制改革的深入推进，生态保护红线、自然保护地体系等新制度不断完善，但生态保护补偿制度与其他生态文明制度的衔接仍不够。新发展阶段，长江大保护、黄河流域高质量发展、乡村振兴等重大战略对生态保护补偿提出了更高要求。如何更好地实现生态保护补偿与其他国家发展战略、重大政策和制度安排的有效衔接，形成绿色发展合力，是生态保护补偿机制面临的一大挑战。

4.6.2 发展方向

进一步完善生态保护补偿制度，健全生态保护红线补偿机制。一是国家应设立中央财政关于生态保护红线区域生态保护补偿专项资金，明确补偿义务主体与受偿主体，考虑最严格的生态保护空间管控制度导致发展机会成本更高的问题，加大中央财政投入力度，在重点生态功能区转移支付中实施差异化补偿。二是完善自然保护地生态保护补偿机制。尽快建立健全自然保护地生态保护补偿机制。扎实推进形式多样的地方试点，不断总结“为什么补，谁补谁，补多少，怎么补，补的效果如何”等方面的成功经验，不断健全生态保护补偿工作机制。确定生态保护补偿重点区域，根据自然保护地分类分区情况，将国家公园的核心保护区、自然保护地的核心区等重要生态空间纳入国家生态保护补偿范围，制定和实施以生态保护成效、保护成本为依据的补偿制度。

强化生态保护补偿政策长效机制。一是建立健全自然资源资产产权制度，发挥市场在资源配置中的决定性作用。通过市场交易或自愿协商实现自然资源资产的最优配置，形成归属清晰的自然资源资产产权制度；完善监测手段，建立监督机制，建立协作联动机制。二是建立生态保护补偿政策评估机制。完善评估方法，做好相关基础数据统计，对生态保护补偿实施动态评估，及时提出资金、项目调整优化方案。三是建立生态保护补偿考核机制。按照生态保护补偿试点实施计划及年度工作计划分解各项工作任务，明确各项任务责任部门，实施年度考核，要求各地区各有关部门积极开展试点工作，承担生态保护补偿工作任务，将生态保护补偿的政策制定、措施落实、管理与评估等工作列入各部门政绩考核内容。

强化科学技术支撑体系建设。一是研究出台综合性生态保护补偿技术指南，为地方开展生态保护补偿工作提供指引；开展重点领域生态服务价值评估标准规范研究，推动完善湿地、流域、海洋、矿产资源等领域生态服务价值评估标准。二是加强生态环境监测评价对转移支付资金的调节作用，持续开展国家重点生态功能区县域生态环境质量监测评价，并依需适时优化监测评价指标体系，建立以县域生态环境质量现状和动态评价为导向的评价体系，强化县域生态环境质量监测评价与考核在国家重点生态功能区转移支付资金分配使用中的调节作用。三是加强生态保护补偿标准与基准等研究，开展综合考虑"三水统筹"、以流域水生态服务为核心的流域生态保护补偿基准和资金分配方法研究，完善与水生态环境质量挂钩的财政资金奖惩机制。四是利用大数据、人工智能、物联网、遥感等先进技术手段，统筹实施山水林田湖草系统管理，用智能化手段全面提升生态保护与修复的成效和监管水平，为高效实施生态保护补偿提供技术支持。

发挥绿色协同政策合力。一是逐步统筹利用各类生态保护补偿资金。逐步提高生态保护补偿与其他生态文明制度的协同性。着力推动生态保护补偿机制更好地服务于"双碳"战略，如建立健全能够体现碳汇价值的生态保护补偿机制。就生态保护补偿资金分配机制而言，应探索将生态保护红线纳入考虑因素，对于生态保护红线覆盖度较高的地区，要进一步加大支持力度。以国家公园为主体，建立健全自然保护地体系生态保护补偿机制，并以自然保护地的重要性、规模、保护成效等作为依据，对生态保护补偿的力度实行动态调整。将生态保护补偿与占用补偿、损害赔偿与保护补偿统一起来，建立健全协同推进的生态环境保护机制。二是加强生态保护补偿与各类资源环境制度的衔接，将环境影响评价、排污许可证等信息作为企业缴纳生态保护补偿资金的依据，将各类资源有偿使用收费标准作为确定生态保护补偿标准的重要依据。三是建立健全生态保护补偿的配套制度体系。如加快全社会环境信用体系建设，将生态保护补偿受益个人履行生态保护义务的情况纳入个人环境信用体系，生态保护义务履行成效好的补偿对象拥有更高的环境信用积分、享受更高的生态保护补偿资金，即将个人补偿资金的多少与生态保护成效的好坏关联起来。

5 环境权益交易政策

我国环境权益交易制度改革持续推进，环境权益交易政策体系日渐完善，自然资源资产基本情况已全面摸清，排污权交易试点工作稳步推进，碳排放权交易市场从试点走向全面推开，水权交易、用能权交易模式不断深化。

5.1 自然资源产权交易进展

全国自然资源资产基本情况已全面摸清。2021 年 10 月举行的第十三届全国人大常委会第三十一次会议首次听取和审议《国务院关于2020 年度国有自然资源资产管理情况的专项报告》，专项报告全面介绍了国有土地、森林、草原、湿地、矿产、海洋、野生动植物等 11 个类别的国有自然资源资产状况，第一次亮出自然资源国有资产家底。专项报告显示，截至2020年年底，全国国有土地总面积为52 333.8万hm^2，其中包括全国国有建设用地 1 760.6 万 hm^2、耕地 1 957.2 万 hm^2、园地 238.7 万 hm^2、林地 11 284.1 万 hm^2、草地 19 733.4 万 hm^2、湿地2 182.7 万 hm^2。

海南省加快建立健全自然资源资产产权制度。2021 年 9 月，海南省委办公厅、省政府办公厅印发《海南省自然资源资产产权制度改革实施方案》（琼办发〔2021〕41 号），旨在加快建立健全自然资源资产产权制度，高质量高标准推进海南省自由贸易港建设。该方案提出，海南省将以完善自然资源资产产权体系为重点，以落实产权主体为关键，以调查监测和确权登记为基础，统筹推进自然资源资产产权制度改革，促进自然资源节约集约利用和生态保护修复。该方案明确，全省自然资源资产产权制度改革的主要任务包括健全自然资源资产产权体系、明确自然资源资产产权主体、建立自然资源统一调查监测评价制度、加快自然资源统一确权登记、强化自然资源整体保护和修复、促进自然资源资产集约开发利用、健全自然资源资产政策法规和监管体系。海南省在健全自然资源资产产权体系方面，将健全海洋资源产权体系，探索海域使用权立体分层设权，按照海域的水面、水体、海床、底土分别设立使用权；在明确自然资源资产产权主体方面，开展全民所有自然资源资产所有权委托代理机制试点，推动三亚市、文昌市、昌江黎族自治县开展全民所有自然资源资产所有权委托代理试点工作；在建立自然资源统一调查监测评价制度方面，探索建立自然资源资产清查与核算制度，研究建立自然资源资产核算评价制度，开展实物量统计，探索价值量核算，率先在海南热带雨林国家公园开展生态系统生产总值核算，为探索生态产品价值实现提供保障；在强化自然资源整体保护和修复方面，推进自然保护地整合优化，健全自然保护地内自然资源资产特许经营权等制度，探索通过租赁、置换、赎买等方式逐步恢复和扩大热带雨林等自然生态空间；在促进自然资源资产集约开发利用方面，深入推进全民所有自然资源资产有偿使用制度改革，建立健全森林、水、海域海岛等自然资源资产有偿使用制度，完善价格形成机制，扩大竞争性出让，发挥市场配置资源的决定性作用，同时通过总量和强度控制，更好地发挥政府管控作用。

广西壮族自治区有序推进自然资源资产产权制度改革。广西壮族自治区自然资源厅紧扣“两统一”职责，以完善自然资源资产产权体系为重点，以落实产权主体为关键，以调查监测和确权登记为基础，全力促进自然资源集约开发利用和生态保护修复，加强监督管理，注重改革创新，加快构建系统完备、科学规范、运行高效的自然资源资产产权制度体系。目前，已完成对邕江、柳江、左右江等 12 条主要江河的登记主体、坐落空间、自然资源类型以及取水、排污等主体的调查工作，编制成果图件，建立地籍数据库，初步形成水流自然资源“一张图”管理。2021 年 9 月底，广西壮族自治区编制完成全民所有自然资源资产委托代理机制试点实施方案。10 月，广西壮族自治区自然资源厅印发《关于建立国有自然资源资产管理情况专项报告制度的实施方案》。该方案提出，到 2025 年，广西将基本建立自治区、市、县（区）三级上下左右联动的国有自然资源资产管理情况专项报告工作机制，推进国有自然资源资产公开透明，进一步加强国有自然资源资产管理和治理体系建设。

5.2 排污权交易进展

地方自发开展排污权交易二级市场探索。我国自 1987 年开始排污权交易的尝试。1987—2006 年，是起步及试点摸索阶段，这一阶段主要进行了一些试点项目。2007 年以后，步入排污权市场试点深化阶段，这一阶段国家有关部门出台了政策文件，明确了国家级试点省、市。截至 2021 年年底，全国大部分省（区、市）开展了排污权交易工作，但整体进展缓慢，2021 年部分地方通过启动排污权交易二级市场、制定排放权交易基准价格等方式推动了市场发展。

宁夏回族自治区全面开展排污权有偿使用和交易。2021 年 11 月，宁夏回族自治区生态环境厅、发展改革委、财政厅等八部门联合印发《宁夏回族自治区排污权有偿使用和交易管理暂行办法》（宁环规发〔2021〕8号），规定了与之配套的交易规则、价格管理、储备调控、出让收入使用、电子化交易、抵押贷款等管理制度；科学精准测算企业治污成本，发布了排污权基准价格，制定了金融支持排污权改革的具体措施，标志着宁夏排污权“1+6”政策制度体系已基本建立。自12月1日起，宁夏各市、县（区）和宁东能源化工基地同步开展排污权有偿使用和交易，对氮氧化物、二氧化硫、化学需氧量和氨氮四项指标开展交易。截至2021年12月31日，银川市、吴忠市、固原市、中卫市和宁东能源化工基地全面启动排污权市场交易，达成交易11笔，交易金额达38.3万元，20余家企业率先“尝鲜”，排污权交易量二氧化硫56.38 t、氮氧化物105.03 t，实现了交易地区全覆盖，超额完成年度改革目标。

江西省排污权上线交易正式启动。2021年12月16日，江西省排污权上线交易启动仪式在南昌市举行。当日，九江市两家企业参与首单交易，德安景能生态环保科技有限公司竞买九江金源化纤有限公司出售的二氧化硫与氮氧化物指标，二氧化硫交易96 t，成交价为389元/（t·a），交易期限为5年，成交总金额为18.672万元；氮氧化物交易137 t，成交价为489元/（t·a），交易期限为5年，成交总金额为33.496 5万元。

江苏省淮安市完成全省规模最大的排污权集中交易。为积极推动淮安市排污权交易，切实解决新建项目排污总量缺口，实现绿色转型和高质量发展，淮安市生态环境局组织两家企业通过江苏省排污权交易信息化平台，以挂牌交易的方式出让富余排污权指标。本次集中交易中两家企业的富余排污权被16家企业申请受让，成交的主要污染物排污权数量分别为化学需氧量51.671 t、氨氮5.167 t、总磷0.517 t、二氧化硫254.992 t、氮氧化物579.861 9 t、挥发性有机物1.254 6 t，共完成 52 笔交易，交易金额达 436.8 万元。本次交易的参与企业数、交易笔数、成交总金额均创历史新高。据统计，自 2021 年 3 月平台上线以来，淮安市共完成排污权交易 54 笔（占全省交易笔数的 54.5%），交易额为 687.5 万元（占全省交易总额的 55.3%），交易笔数及交易金额均位居全省首位。

无锡市在江苏全省领先开展跨设区市排污权交易。无锡西姆莱斯石油专用管制造有限公司成功完成了一笔跨设区市排污权交易，以 12 240 元/t 的价格，将富余的 5.53 t 氮氧化物排放指标通过协议的方式出让给盐城市的德纳化工滨海有限公司，这是无锡市首笔企业跨设区市排污权交易，也是江苏省排污权交易平台正式上线以来的首例。本次排污权交易成交价格是政府设定交易最低基准价格标准的 5 倍以上，大幅提升了排污权经济价值，彰显了市场对排污权价值的认可，是市场化合理配置环境资源的现实案例。本次交易也打破了地域界限，为推动建立跨设区市的排污权交易市场提供了实践经验。

5.3 碳排放权交易进展

建设碳排放权交易市场是我国实现“双碳”目标的重要手段。碳市场是中国实现“碳中和”目标的重要抓手。实现“双碳”目标需要巨额资本，以碳排放权交易市场为核心的低碳发展机制能够充分发挥市场的作用，能够利用社会资本力量实现资源的有效配置，推动碳减排行动的实施。碳排放权交易是为减少二氧化碳排放、促进温室气体减排所提出的将二氧化碳排放权作为商品进行交易的市场机制。即鼓励减排成本低的企业超额减排，将富余的碳排放配额通过交易的方式出售给减排成本高、无法达到碳排放要求的企业，从而帮助后者达到减排要求，同时降低社会碳排放的总成本。

5.3.1 我国碳排放权交易步入“快车道”

全国碳排放权交易市场正式启动。2021 年 2 月 1 日，《碳排放权交易管理办法（试行）》（生态环境部令 第 19 号）正式实施，是全国碳市场第一个履约周期配额分配方案，从国家层面将温室气体排放控制责任压实到重点排放企业。2021 年 3 月，生态环境部公开征求关于《碳排放权交易管理暂行条例（草案修改稿）》（环办便函〔2021〕117 号）的意见，积极推动立法进程，夯实碳排放权交易法律基础。5 月，生态环境部出台《碳排放权登记管理规则（试行）》《碳排放权交易管理规则（试行）》《碳排放权结算管理规则（试行）》（生态环境部公告 2021 年 第 21 号）等政策文件，进一步完善碳排放权交易市场制度保障体系。7 月 16 日，全国碳排放权交易市场启动上线交易，纳入发电行业重点排放单位 2 162 家，覆盖约 45 亿 t 二氧化碳排放量，建成全球规模最大的碳排放权交易市场。截至 2021 年 12 月 31 日，全国碳排放权交易市场碳排放配额（CEA）累计成交量达 1.79 亿 t，成交额达 76.84 亿元。2013 年以来，我国 7 个试点碳排放权交易市场先后启动。截至 2021 年 12 月 31 日，7 个试点碳排放权交易市场碳排放配额累计成交量达 4.83 亿 t，成交额达 86.22 亿元。

国家核证自愿减排量（CCER）市场仍未启动。根据《碳排放权交易管理办法（试行）》，企业可参与可再生能源（如光伏、风力、水力、垃圾焚烧）等领域的减排项目获得 CCER，1 单位 CCER 可抵消 1 t 二氧化碳当量的排放量，获得的 CCER 可在碳排放权交易市场交易获利。目前，光伏、清洁电力行业因具有低碳排放的天然优势，可通过参与 CCER 项目获取一定额外收益。

试点碳市场预计还将与全国碳排放权交易市场持续并行一段时间，

逐步向全国碳排放权交易市场平稳过渡。全国碳排放权交易市场的交易中心位于上海市，碳配额登记系统设在湖北省武汉市。两地共同承担全国碳排放权交易体系的支柱作用。目前，全国碳排放权交易市场覆盖的重点排放单位为2013—2019年任一年排放达到2.6万t二氧化碳当量（综合能源消费量约1万t标准煤）的发电企业（含其他行业自备电厂）。发电行业成为首个纳入全国碳排放权交易市场的行业，纳入重点排放单位超过2 000家，这些企业排放量超过40亿t二氧化碳。生态环境部发布的《碳排放权交易管理办法（试行）》规定，全国碳排放权交易市场和地方试点碳排放权交易市场并存，尚未被纳入全国碳排放权交易市场的企业将继续在试点碳排放权交易市场进行交易，纳入全国碳排放权交易市场的重点排放单位不再参与地方试点碳排放权交易市场。交易产品为碳排放配额（CEA）现货，可以采取协议转让等交易方式，具体形式包括挂牌协议交易和大宗协议交易，并且规定挂牌协议交易的成交价格在上一个交易日收盘价的±10%之间确定，大宗协议交易的成交价格在上一个交易日收盘价的±30%之间确定。2021年10月，生态环境部印发《关于做好全国碳排放权交易市场第一个履约周期碳排放配额清缴工作的通知》（环办气候函〔2021〕492号），要求各省碳排放权交易市场主管部门抓紧完成第一个履约周期的配额核定和清缴的工作，加强和全国碳排放权交易市场相关系统的对接工作，督促和指导重点排放单位完成配额清缴，确保2021年12月15日17点前本行政区域95%的重点排放单位完成履约，12月31日17点前全部重点排放单位完成履约。重点排放单位可使用CCER抵消配额清缴，但不能超过应清缴配额的5%。

5.3.2 全国碳排放权交易市场运行特征明显

2021年7月，全国碳排放权交易市场在北京市、上海市、湖北省武汉市三地同时开市，第一批交易正式开启。从交易机制来看，全国碳排放交易所仍采用和各区域试点相同的以配额交易为主导、以核证自愿减排量为补充的双轨体系。从交易主体来看，全国交易系统在上线初期仅包括电力行业的 2 225 家企业，这些企业之间相互对结余的碳配额进行交易。与欧盟等相对成熟的市场相比，我国碳排放权交易市场刚刚起步，总体呈现行业覆盖较为单一、市场活跃度较低、价格调整机制不完善、履约情况较好等特征。

碳排放权交易市场活跃度略显不足，价格整体下行。交易双方处于试探和摸底阶段，碳排放权交易的价格调控机制尚未充分形成。全国碳排放权交易市场上线运营之后，交易双方仍处于试探和摸底阶段，交易规模仍处于市场整合时期的低位。上海环境能源交易所数据显示，仅 2021 年 7 月 16 日开市当天碳交易量超百万吨，之后 5 个交易日的交易量为十几万吨，其余日交易量在万吨以下且部分日成交量不足百吨。与此同时，碳交易价格整体下行，7—9 月的平均交易价格分别为 50.33 元/t、46.84 元/t 和 41.76 元/t，截至 10 月 15 日，交易价格较开市当日下跌 14.3%。清华大学测算显示，目前我国全经济尺度的边际减排成本大概是 7 美元，略高于当前的交易价格。因此，当前价格信号并不能准确反映碳排放许可权的供给与需求状况，碳排放价格对企业生产决策的影响较小，企业减排的积极性还不够高。

碳排放权交易市场体系以配额交易为主，自愿减排为辅。当前，全国碳排放权交易市场建设以试点经验为基础，采用配额交易为主导、国家核证自愿减排为辅的双轨体系。根据《碳排放权交易管理办法（试行）》，我国碳排放配额（CEAs）以免费分配为主，未来国家适时引入有偿分配，并鼓励排放主体通过国家核证自愿减排，但 CCER 交易与抵扣机制尚未明确。碳排放配额是在生态环境部每年制定碳排放配额总量及分配方案的基础上，由各省（区、市）生态环境部门额定分配。若企业最终年二氧化碳排放量少于国家给予的碳排放配额，剩余的碳排放配额可以作为商品出售；若企业最终年二氧化碳排放量多于国家给予的碳排放配额，短缺的二氧化碳配额则必须从全国碳排放权交易市场购买，因此碳排放权作为商品在企业之间流通，通过市场化手段完成碳排放权的合理分配。

碳排放权交易市场初期仅将电力行业纳入交易。全国碳排放权交易市场初期仅覆盖电力行业，高排放企业被纳入重点排放单位。根据国务院批准的全国碳排放权交易市场建设方案，由于各行业碳排放配额核算方式不同，初期仅将电力行业纳入交易。据生态环境部发布的《碳排放权交易管理办法（试行）》，本阶段纳入全国碳排放交易主体的企业须满足以下条件：属于全国碳排放权交易市场覆盖行业的、年度温室气体排放量达到 2.6 万 t 二氧化碳当量的“温室气体重点排放单位”，即高碳排放企业。这一规定也表明，当前仅有被分配到碳排放配额的企业可以参与交易，个人与机构投资者暂时无法参与其中，碳排放权暂不具备投资属性。

全国碳排放权交易市场履约情况整体较好。全国碳排放权交易市场第一个履约周期为 2021 年 1 月 1 日至 2021 年 12 月 31 日。截至 2021 年 12 月 31 日，全国碳排放权交易市场自启动线上交易以来，累计运行 114 个交易日，第一个履约周期结束。按履约量计，全国碳排放权交易市场的第一个履约周期的履约完成率为 99.5%，其中，海南纳入全国首批碳排放权交易市场的 7 家发电行业重点排放单位于 2021 年 12 月 7 日顺利完成第一个履约周期配额清缴，由此成为全国首个实现履约率 100%的省份。在第一个履约周期内，全国碳排放权交易市场仍有 0.5% 核定应履约量未完成履约。根据《碳排放权交易管理办法（试行）》的规定，重点排放单位未按时足额清缴碳排放配额的，由其生产经营场所所在地设区的市级以上地方生态环境主管部门责令限期改正，处二万元以上三万元以下的罚款；逾期未改正的，对欠缴部分，由重点排放单位生产经营场所所在地的省级生态环境主管部门等量核减其下一年度碳排放配额。

5.4 水权交易进展

5.4.1 水权交易市场实践进展

2021 年成交单数总量相比 2020 年大幅增长。其中区域水权交易仅有山东省参加，成交单数出现下滑；取水权交易共有 8 个省（区）参加，成交单数从高至低分别为山东、江西、湖南、江苏、山西、内蒙古、甘肃、安徽，成交单数较 2020 年增长明显；灌溉用水户水权交易共有 5 个省参加，成交单数从高至低分别为山东、山西、甘肃、河北、湖南，成交单数较 2020 年大幅增长（表 5-1）。

表 5-1 全国水权交易成交单数统计

年份	总计	区域水权交易	取水权交易	灌溉用水户交易
2018	51	1	46	4
2019	237	0	12	225
2020	273	3	48	222
2021	1 510	2	89	1 419

2021 年水权成交总量相比 2020 年增幅不明显。其中区域水权交易成交量出现明显下滑，据统计，2021 年仅有山东省东营市湿地城市建设推进中心和山东省东营市广饶县水利局的 2 笔交易，交易总量为

1 000 万 m³。取水权交易和灌溉用水户交易的成交量较 2020 年大幅增长（表 5-2）。

表 5-2　全国水权交易成交量统计　　单位：万 m³

年份	区域水权交易	取水权交易	灌溉用水户交易
2018	4 190	128 866.5	40.1
2019	0	10 758.4	733.8
2020	29 017	511.5	495.2
2021	1 000	28 910	858

2021 年水权交易规模较 2020 年下滑。2021 年全国水权交易规模为 1.59 亿元，其中取水权交易占 93.18%，区域水权交易占 6.34%，灌溉用水户交易占 0.48%（表 5-3）。

表 5-3　全国水权交易成交金额统计　　单位：万元

年份	总计	区域水权交易	取水权交易	灌溉用水户交易
2018	78 555.8	1 231.9	77 319.9	4
2019	6 472.6	0	6 417.4	55.2
2020	36 363.4	36 105.7	218.8	38.9
2021	15 936.1	1 010	14 849	77.1

5.4.2　地方实践进展

宁夏回族自治区探索开展黄河水权转换。宁夏回族自治区将国家分配的 40 亿 m³ 可耗用黄河水初始水权分配到市、县（区）和各干渠，将用水指标确权到灌区 4 083 个干渠直开口和各类取用水户。宁夏回族自治区还组建了水权收储交易中心，对水权“富余量”进行有偿转换和交易。截至 2021 年，共批复了近 2 亿 m^3、127 个黄河水权转换项目。将农业节约水量有偿转让给工业，实现向工业供水超过 10 亿 m^3。通过开展水权交易，既有效解决了工业发展用水指标短缺的问题，又推动了水资源配置由“看得见的手”向“看不见的手”的根本性转变，形成了农业节水支持工业发展、工业发展反哺农业振兴的特色之路。

山东省济南市水资源市场化交易流转改革进入实践阶段。济南市水务局深入组织开展水权交易的前期调查研讨和制度建设工作，并根据《山东省水利厅关于探索推进水资源市场化交易的通知》和《济南市城乡水务局地下水取水权交易试点工作方案（试行）》，结合济南市水资源管理工作实际，积极开展水权交易试点探索工作。山东鲁信龙山置业有限公司、山东建工明珠物业管理有限公司等单位通过中国水权交易平台完成了水权交易全流程，并取得水权交易鉴定证书。三份水权交易鉴证书显示，卖方为山东鲁信龙山置业有限公司，买方为山东建工明珠物业管理有限公司、山东三箭房地产开发有限公司和山东铁诚物业管理有限公司。3 家企业分别购买了 2.4 万 m^3、3.5 万 m^3 和 1.6 万 m^3 的水资源使用权，交易金额分别为 14 400 元、21 000 元和 9 600 元。

山西省晋中市探索开展再生水水权交易。2021 年 8 月 2 日，晋中市以灵石县为试点探索开展再生水水权交易改革，是晋中市有效破解项目用水短缺问题、变“水瓶颈”为“水支撑”“水保障”的重要举措。灵石县再生水水权交易采取协议转让的方式进行，由县水利局作为交易转让方，用水企业作为受让方，通过中国水权交易所水权交易平台签订协议、达成交易并完成价款结算。目前，灵石县水利局已与山西宏源富康新能源有限公司、山西聚源煤化有限公司、灵石县中煤九鑫焦化有限责任公司 3 家企业达成供水协议，年可转化利用再生水 720 万 t。晋中市近年来以“五水综改”为牵引，以水权交易为突破，把灵石县作为改革试点，立足本地实际，将再生水纳入水资源统一配置，实现灵石县污水“全收集、全处理，全利用、全交易”，推动用水权从“无偿取得、有偿使用”向“有偿取得、有偿使用”转变，为下一步外调水等水源用水权有偿出让奠定了基础，展现了市场机制在水资源配置中的重要作用。

江西省探索开展工业企业类水权交易。2021 年 5 月 31 日，江西洁美电子信息材料有限公司与江西宜生科技有限责任公司的水权交易在宜黄县成功签约。这是通过江西省产权交易所（江西省公共资源交易中心）完成的第二例水权交易，也是水权交易平台上完成的全国首例工业用水户间的水权交易，标志着江西省水权交易取得突破性进展，为全省水权交易改革提供了成功示范。此次作为转让方的江西洁美电子信息材料有限公司，通过引进先进生产工艺和污水处理回用后，年节约水量 61.61 万 m^3。考虑到日后公司业务发展需求和预留备用水量，先期有偿转让 50.36 万 m^3。宜黄县新增取水受到严格限批，受让方江西宜生科技有限责任公司，在省公共资源交易平台购买转让指标，交易价格为 0.12 元/（$a·m^3$），交易期限为 1 年，交易金额为 6.043 2 万元。

安徽省探索开展地热水水权交易项目。合肥市积极加快推进水权制度建设，确定安徽巢湖经济开发区作为试点地区，重点统筹协调安徽巢湖经济开发区范围内取用地热水和区域地下水保护。针对区域范围内部分取水户用水不足的问题，安徽巢湖经济开发区牵头组织编制了《安巢经开区浅深层地下热水水权交易改革试点工作实施方案》。该方案经批准后，度假区管委会和干疗签订水权交易协议，将度假区管委会富余地热水水量使用权有偿转让给干疗，交易水量为 2 万 m^3，交易价格为 1 元/m^3，交易期限为 7 个月，并在中国水权交易所完成交易。履行相应的手续后，双方凭交易申请、交易合同、付款凭证、交易鉴证书等文件，到合肥市水务局就可办理取水许可变更手续。本次水权交易不仅是安徽省首单地热水水权交易，也是合肥市加快推进水资源使用权有偿出让的有益探索，为其他地区地热水水权交易起到了示范作用。

5.5 用能权交易进展

用能权制度建设不断完善。2021 年 9 月，国家发展改革委印发的《完善能源消费强度和总量双控制度方案》（发改环资〔2021〕1310 号）指出，坚决管控高耗能高排放项目；进一步完善用能权有偿使用和交易制度，加快建设全国用能权交易市场，推动能源要素向优质项目、企业、产业及经济发展条件好的地区流动和集聚。该方案提出，到 2025 年，能耗双控制度更加健全，能源资源配置更加合理、利用效率大幅提高。到 2030 年，能耗双控制度进一步完善，能耗强度继续大幅下降，能源消费总量得到合理控制，能源结构更加优化。到 2035 年，能源资源优化配置、全面节约制度更加成熟和定型，有力支撑碳排放达峰后稳中有降目标实现。在完善指标设置及分解落实机制方面，该方案指出要合理设置国家和地方能耗“双控”指标。完善能耗“双控”指标管理，国家继续将能耗强度降低作为国民经济和社会发展五年规划的约束性指标，合理设置能源消费总量指标，并向各省（区、市）分解下达能耗“双控”五年目标。各省（区、市）根据国家下达的五年目标，结合本地区实际确定年度目标并报国家发展改革委备案。国家发展改革委根据全国和各地区能耗强度下降情况，加强对地方年度目标任务的窗口指导。在增强能源消费总量管理弹性方面，该方案提出要坚决管控高耗能高排放项目。各省（区、市）要建立在建、拟建、存量高耗能高排放项目清单，明确处置意见，调整情况及时报送国家发展改革委。对新增能耗 5 万 t 标准煤及以上的“两高”项目，国家发展改革委会同有关部门对照能效水平、环保要求、产业政策、相关规划等要求加强窗口指导；对新增能耗 5 万 t 标准煤以下的

“两高”项目，各地区根据能耗“双控”目标任务加强管理，严格把关。对不符合要求的“两高”项目，各地区要严把节能审查、环评审批等准入关，金融机构不得对其提供信贷支持。该方案还提出鼓励地方增加可再生能源消费。根据各省（区、市）可再生能源电力消纳和绿色电力证书交易等情况，对超额完成激励性可再生能源电力消纳责任权重的地区，超出最低可再生能源电力消纳责任权重的消纳量不纳入该地区年度和五年规划当期能源消费总量考核。该方案指出，要推行用能指标市场化交易。进一步完善用能权有偿使用和交易制度，建立能源消费总量指标跨地区交易机制，总量指标不足、需新布局符合国家产业政策和节能环保等要求项目的省（区、市），在确保完成能耗强度降低基本目标的情况下，可向能耗强度降低进展顺利、总量指标富余的省（区、市）有偿购买总量指标，国家根据交易结果调整相关地区总量目标并进行考核。

用能权的交易量和交易规模探索进一步深化。截至 2021 年，全国已有浙江、福建、河南、四川等省开展用能权有偿使用和交易试点，并出台了省级层面的政策文件，努力探索体现地方特色的能源资源市场化配置改革之路。河北、山东、江西、湖北、江苏等省也在探索开展用能权相关交易。河南把节能市场化机制作为提升能源利用效率和完成能耗“双控”工作的发力点。截至 2021 年，河南共完成 26 笔交易，累计实现交易量 3.7 万 t 标准煤，交易额约 419 万元。部分能耗、煤炭要素资源也开始向能耗低、产出高的行业和企业流动、集聚。浙江以增量交易作为突破口启动用能权交易。单位工业增加值能耗高于 0.6 t 标准煤/万元的新增用能项目，需通过用能权交易有偿取得用能指标。许多项目在初步设计阶段，就将用能权交易成本纳入企业成本中考量。部分高耗能企业由于用能权交易的成本增加，将产业转移至中西部省（区、市）。浙江 47 个万元增加值能耗高于 1.0 t 标准煤的高耗能项目，由于受制于用能权交易成本，在开工建设前被否决。

5.6 小结

5.6.1 存在的问题

（1）自然资源产权交易

定价、准入和分配机制未完善，经营性资产市场化配置受限。有偿使用制度在促进自然资源保护和合理利用、维护所有者权益方面已发挥了积极作用。然而，经营性自然资源资产经济权益的界定、实现和保护及其相应的市场机制仍然存在一系列难题。一是部分自然资源有偿使用的定价机制缺位，导致资源使用权市场化配置程度低，国家或集体的所有者权益未能有效实现。二是市场交易机制不健全，阻碍了资源转让权的实现和资源优化配置。三是目前的增值收益分配机制仍有不合理之处，导致部分主体间的分配不公平。四是弱势主体权益的保护机制匮乏，其用益物权得不到有效保障和实现。

（2）排污权交易

局限于省市层面的交易导致市场规模有限。目前，我国排污权交易试点工作的开展均以行政区域划定界限，分为两种类型：一种是在地级市层面开展交易，如浙江省嘉兴市；另一种是以省作为一个市场开展交易，如山西省、湖南省。随着排污权交易的深入开展，以市为一个市场开展交易逐渐显露出问题：由于市场覆盖区域小，参与主体不足，导致市场容量过小，交易不活跃。污染物通常具有扩散性、流动性的特点，环境污染表现通常是大范围、区域性的，特别是在河流与大气领域表现得尤为突出。即使是在省域范围内开展，排污权交易市场规模仍然有限，不利于活跃、稳定的交易。

政府主导的总量控制和指标分配机制尚不完善。总量控制与初始排放权分配是形成排污权交易的基础与前提。由于排污权试点地区环境容量尚未明确、总量控制的上限没有划定，政府储备调控机制与区域环境质量目标的相关性并不显著，指标的初始分配难以结合环境质量和容量有效推进企业的污染减排。总量控制难以有效实现，各地区制定配额有偿分配方式和定价方法不统一、不规范，使得排污权交易难以建立真正的市场机制、真实反映排污权价值，导致企业参与积极性不足，排污权市场难以兴起。

监管体系不健全。排污权市场的深入发展离不开完善的监管体系。但是目前，我国在这方面的监管体系并不健全。一方面，政府监管相关法律法规不健全，已有的监管法规多是地方性的，国家层面针对排污权交易市场的政策文件仍然匮乏，缺少指导性的根本大法和统一的交易监管制度。另一方面，排污权交易具有金融、环保等多重属性，涉及的监管部门较多，包括生态环境部、发展改革委、金融监管部门等，相关部门的协作机制还不完善。

（3）碳排放权交易

碳排放权交易市场结构、碳排放权交易产品类型单一。国际上碳排放交易体系一般分为配额型碳排放权交易市场和自愿型碳排放权交易市场，碳排放权交易市场缺乏流动性，交易并不活跃，主要是因为可供交易的配额大都集中在控排企业手中，它们的出发点主要是履约，所以交易意愿低迷，吸引到其他市场参与者的可能性大大降低。此外，碳排放权交易市场中真正参与交易的是现货，并且仅有二氧化碳排放物，市场交易产品单一。

碳排放权交易市场信息披露不完全。碳排放权交易市场的活跃程度依赖碳排放权交易市场对关键信息的及时有效披露。我国碳排放权交易市场的建设进程中，碳排放权交易市场的成交情况可在中国碳排放权交易网和当地碳排放权交易市场信息的政府网站上获取。这些网站虽然在一定程度上对碳排放权交易市场交易信息进行了披露，但是一些关键信息，如配额总量和具体的分配情况、参与控排的企业名单等并未完全公开。信息披露不足致使碳排放权交易市场的建设不能公开、透明，使监管机构、投资者、研究人员和公众都无法获得准确的信息，同时市场参与者也因得不到有效的信息而放弃交易，在很大程度上影响了碳排放权交易市场的发展前景。

碳排放权交易市场监管机制不健全。我国碳排放权交易市场建设与其他国家相比起步较晚，在市场监管方面依然存在一些不足。首先，碳排放监测技术相对稚嫩，在排放量核查、计量等方面没有相应的行业标准。其次，缺乏切合实际的监管法律，对于主体企业间的市场纠纷很难有效界定，监管过程障碍重重。最后，交易审批程序烦琐，缺少可操作性，实施过程耗费大量人力、物力、财力，容易导致权力寻租。

配额分配方式和配额方法有待完善。碳排放权交易市场要想健康有序运行，就必须依靠科学、合理的配额分配方式。目前，我国的配额分配方式比较单一，以免费发放为主，虽然某些地方存在拍卖行为，但比例不高，不能很好地发挥作用。我国现行的配额方法仍以历史排放法为主，基准线法为辅。历史排放法是指基于排放主体历史排放量和排放强度确定碳排放配额的方法，但这一方法存在明显的缺陷，即控排企业历史碳排放越高，相对就能获得更多的排放配额；而对于在配额确定之前就已经自主开展减排的企业，获得的免费配额则大幅降低。

（4）水权交易

交易价格过低。从 2021 年交易情况来看，当前水权交易普遍存在价格过低的问题。平均而言，区域水权、取水权成交价格仅为 0.53 元/m^3，远低于各地居民用水与工业用水价格，虽然为用水地区及企业带来价格较低的水资源，但并不利于促进市场机制在有条件的地区进一步应用，不足以充分发挥价格杠杆的作用，难以推动相关单位以获得经济收益为目的而进行节水。灌溉用水户水权成交价格仅为 0.09 元/m^3，节水并出售用水指标的收益过低，不利于激发相关农户及农户组织的节水与交易热情。

农业参与不足。2021 年参与灌溉用户取水权交易的省（区、市）和成交单数都有了大幅增长，但灌溉用水户交易仅占总水权成交额的约 0.48%，总体而言，农业参与积极性不足。农业水权交易量与农业用水量、耗水量相比过小，目前仍无法真正起到广泛改善资源配置的作用。未来农业相对于工业来说应具备更大的节水潜力和水权交易空间。

（5）用能权交易

跨区域用能权交易面临掣肘。在当前能耗“双控”的背景下，各省（区、市）均担负着各自的节能降耗目标任务，能耗指标并不只是针对企业，也与所在区域能耗“双控”考核紧密相关，导致跨区域用能权交易难以实现。

企业能源统计和核算方法不统一。现有的粗放式能源计量和统计，不能满足全面推动用能权交易的需要。特别是在分配企业用能权配额时，难以做到精准、公平，存在“鞭打快牛”现象，不利于调动企业积极性。

用能权存量交易实施难度大。以浙江省为例，在前期设计阶段，浙江省用能权交易体系包括增量交易、存量交易和租赁交易等。目前用能权交易试点工作以增量交易为主，存量交易正在研究规划中。浙江省存量企业涉及领域广泛、数量较多，用能权交易制度体系设计庞大、行业范围广且复杂度高。同时，存量企业的用能权确权工作量巨大，确权技术标准尚未统一，第三方机构的确权审核工作需要大量财政资金支持。因此，用能权存量交易短时间内难以开展。

5.6.2 发展方向

（1）自然资源产权交易

健全市场机制，发挥政府作用，提升经营性资源资产利用效率。健全经营性自然资源资产的经济权益和相应市场机制，需要健全其在市场定价、准入和分配3个方面的机制。要以充分实现经济收益并保障公平公正分配为目标，建构和评价各类经营性自然资源资产的产权内容、有偿使用定价机制、交易的市场准入机制、收益分配机制等制度体系；同时关注地方政府在现有行政、财政和人事体制下的行为激励结构，关注其对经济权益和市场机制的影响。具体需要处理好4类问题。一是要提高有偿使用定价机制的市场化程度，提升经营性自然资源资产使用权的配置效率；二是健全转让权的市场交易机制，节约经营性自然资源资产转让权的交易成本，降低资源优化配置过程中的损耗；三是改进收益权的分配机制，实现经营性自然资源资产增值收益的公平合理分配；四是完善经营性自然资源资产的弱势权利主体的权益保护机制，有效保障弱势群体的使用权、转让权和收益权。

（2）排污权交易

逐步建立跨省域排污权交易市场。按照省（区、市）、甚至市级切割排污权市场，会导致市场规模有限，环境污染本身就具有扩散性、流动性、区域性的特点，因此，建立跨省域的排污权交易市场是必然趋势。跨省域交易可以更大程度地发掘区域内的减排潜力。建议针对重点区域，如京津冀、长三角、珠三角，建立区域性排污权交易所，扩大交易范围，提升活跃度，更好地发挥市场机制的作用。

建立科学规范的总量指标核定机制。面对总量控制和指标分配机制尚不完善的问题，需要结合地区环境质量和容量确定域内排污单位许可排放总量的上限目标，同时根据行业、企业具体情况规划年度减排任务。从宏观层面，还需制定区域统一的排污权分配方式与定价方法；从微观层面，建议细化纳入排污权交易的行业企业、污染排放名录，确定从企业到区域的排放总量及削减计划目标。

完善监管体系。为解决排污权交易市场监管体系不健全的问题，一方面，建议出台政府监管相关法律法规，建立健全从国家到省（区、市）的法规和制度，对配额分配方法、交易规则等进行统一规范，并建立统一的交易监管制度，为政府监管提供法律依据和执行标准。另一方面，建议制定各监管部门的协作机制，促进相关部门通力合作，既监管到位，也避免重复监管，推动市场发展的同时不过多增加企业负担。

（3）碳排放权交易

持续完善碳排放权交易市场。将现有的北京环境交易所等 7 个试点碳排放权交易市场作为中心，在全国各省市逐步推进，建立全国碳排放权交易市场。各试点要充分考虑不同区域的经济发展现状、产业结构构成、能源消耗总量、历史排放水平等因素，制定符合各区域实际情况的市场交易政策。根据各地区"高排放"和"高耗能市场"产业构成的不同，抓大放小、依次覆盖，在不损害地区经济发展的前提下，为各地区"高排放"支柱产业的转型发展预留出充足的空间。通过不断完善和强化碳排放权交易市场的职能与作用，推动全国碳排放权交易体系的启动，拉开我国碳排放权交易体系建设的崭新帷幕。

健全碳排放权交易市场监管机制。碳排放权交易市场的建设与政府的各个部门和行业的各个领域息息相关，必要的法律约束成为碳排放权交易市场监管的不二之选，为监管机制提供切实的保障，对碳排放权的总量确定、分配方式、交易规则及市场参与者提出法律方面的明文规定。同时，加大对碳排放权交易市场基础建设人才的培养，为核查数据和报告提供相应的技术支持，对于数据核查及报送中存在的漏洞能进行有效甄别，使核查工作能够高效、保质完成。对参与市场监管的核查机构建立严苛的准入机制和淘汰机制，加大资质审查力度，保证核查工作的透明性和权威性。对核查结果应予以公示，完善碳排放权交易市场的信息披露制度，营造良好的碳排放权交易环境。

科学设计行之有效的碳排放权交易市场配额分配方式。碳排放权初始配额的分配直接决定碳排放权交易中减排成本的承担主体和受益主体，因此配额初始分配方案的设计是否合理便成为碳排放权交易能否有效发挥市场配置优的重要步骤。为保持市场建设的活力，提高行业主体市场交易的积极性，在碳排放权交易市场建设的初级阶段，免费的配额发放占据主导地位；在未来不断发展的进程中，逐步提高拍卖分配的比重。通过对各试点不同行业免费发放下减排效率的考察与研究，探索出符合中国经济发展的免费发放方式。随着全国碳排放权交易市场的完善和成熟，碳排放权交易市场配额逐渐向拍卖发放的分配机制转变。为了统筹各地区的发展，碳排放权分配制度应充分考虑区域影响下的地区、行业的经济承受能力、产业竞争力及减排技术的发展，充分调动企业参与减排的积极性。

加强碳排放权交易市场交易相关金融产品创新。我国试点碳排放权交易市场经过不断改进和完善，能够参与抵消的产品在逐渐增加。以北京市为例，除了碳配额和国家核证自愿减排量，还包括林业碳汇与节能项目碳减排量。但总体而言，我国碳排放权交易市场交易产品种类单一，并不能满足减排企业风险对冲、套期保值的现实需求，因此应加大碳排放权交易市场交易产品多元化的发展趋势，如开展碳期权、碳期货等金融创新。以此丰富碳排放权交易市场的金融产品，为多元化的市场参与者提供更多履约选择，从而降低单一交易产品带来的交易风险和履约风险，提高企业参与的积极性和市场的流动性。

（4）水权交易

实施价格调控措施。建议出台相关政策以提高水权交易价格。一方面，可以从水资源的数量控制入手，通过限制取水权量、提高水资源的稀缺性而推动交易价格上涨；另一方面，可以直接出台交易最低价格限制等政策直接调控价格，从而推动价格稳定在一定标准线之上，更好地保障出售指标方获得合理的经济利益回报，调动地区、企业及农户的节水积极性，从而推动更多的节水行动落地。

拓宽水权交易视野。建议一方面在全国范围内推广灌溉用水户交易，激励更多农户建设节水项目并通过水权交易获益，进而有效实现水资源的节约利用与合理分配；另一方面引入更多元化的交易类型与主体，探索节水指标在灌溉农户之间交易的基础上，如何实现更多跨行业交易，从而进一步扩大市场规模，增加市场活力，创造更多的经济价值与生态价值。

（5）用能权交易

加快建立全国性用能权交易市场。制订全国用能权交易市场建设方案，配套完善能源统计制度，跨区域交易的用能指标跟随考核流转，实现考核与交易联动，通过市场化手段推动能源要素向能耗低、产出高的地区和项目流动、集聚。

建立区域性用能权交易中心。综合考量浙江、福建、河南、四川 4 个试点省的工作基础、区位优势、硬件支撑和市场环境，建设区域性用能权有偿使用和交易中心，推动能耗指标跨省区交易。

突出清洁能源导向。应严格控制化石能源的消费总量和强度，在节约用能的前提下，提倡多用非化石能源或清洁能源。在完善能耗“双控”制度和未来全国用能权交易市场建设的过程中，突出清洁能源导向，使能耗“双控”目标更为明晰。

6 绿色税收政策

陆续出台的一系列绿色税收优惠政策，不断完善以环境保护税为主要手段，以资源税为重点，以车船税、车辆购置税、消费税、企业所得税、增值税等税种组成的绿色税收政策。

6.1 环境保护税

收入规模持续稳定。根据财政部公布的 2021 年 1—11 月财政收支情况，环境保护税征收额为 201 亿元，同比下降 1.9%。自环境保护税开征以来，2018 年、2019 年、2020 年分别为 151 亿元①、221 亿元、207 亿元，整体收入规模保持稳定。

更新完善排污系数和物料衡算方法。2021 年 4 月，生态环境部等部门联合印发《关于发布计算环境保护税应税污染物排放量的排污系数和物料衡算方法的公告》（生态环境部　财政部　税务总局公告　2021 年第 16 号），就环境保护税应税污染物排放量的计算方法做了进一步完善，提高了环境保护税政策适用的确定性。该公告重点对属于排污许可

① 2018 年为环境保护税开征首年，第四季度税额纳入次年统计，故 2018 年数据为前三季度征收税额。

管理的排污单位、不属于排污许可管理的排污单位进行了规定。同时废止《关于发布计算污染物排放量的排污系数和物料衡算方法的公告》（环境保护部公告 2017 年第 81 号），《财政部 税务总局 生态环境部关于环境保护税有关问题的通知》（财税〔2018〕23 号）的第一条第二款同时按该公告规定执行。

"十税合一"简化纳税申报。为深入推进税务领域"放管服"改革，优化营商环境，减轻纳税人、缴费人申报负担，国家税务总局发布《关于简并税费申报有关事项的公告》（国家税务总局公告 2021 年第 9 号），决定全面推行财产和行为税合并申报。财产和行为税合并申报，通俗地讲就是"简并申报表，一表报多税"，纳税人在申报多个财产和行为税税种时，不再单独使用分税种申报表，而是在一张纳税申报表上同时申报多个税种。申报的税种范围包括城镇土地使用税、房产税、车船税、印花税、耕地占用税、资源税、土地增值税、契税、环境保护税、烟叶税 10 个税种。对纳税人而言，可简化报送资料，减少申报次数，缩短办税时间。

6.2 资源税

绿色发展减税效应显见成效。资源税法施行后，税务部门增加了按季申报纳税，最大限度地减轻纳税人的办税负担。根据财政部公布的 2021 年 1—11 月财政收支情况，资源税征收额为 2 138 亿元，同比增长 33.6%。2020 年 9 月《中华人民共和国资源税法》（以下简称资源税法）实施后，宁夏回族自治区共为符合优惠条件的企业减免资源税 3 247 万元，2021 年 1—8 月减免资源税 4 083 万元，绿色税制的环保效应日益显现。2020 年 9 月至 2021 年 9 月，云南省贯彻落实资源税法累计申报减免资源税超 1 亿元，进一步助力云南绿色经济蓬勃发展，税收杠杆撬动绿色发展的成果日益显现。山东省税务部门积极落实“2014 年 12 月 1 日至 2023 年 8 月 31 日，对充填开采置换出来的煤炭，资源税减征 50%”优惠政策，每年可为煤炭行业充填开采减免税 4 500 万元，促进了绿色生态开采，缓解了企业经营压力。

促进资源生产地区的绿色可持续发展。资源税法的实施，明确了分级分类确定税率的权限划分方式，促进了企业资源节约集约利用，以环境保护为导向，积极健康发展。在广东省砂石行业中，资源税法的颁布给不少砂石企业带来了好处，企业开采原矿直接销售采用 3%的税率，原矿洗选加工成选矿销售采用 2%的税率，让企业可以投入更多资金到新技术和新工艺上，同时也减少了环境污染。资源税法在云南省实施一年来，政策平稳过渡，征收管理有序推进，简并了纳税期限，增加了征期天数，特别是自 2021 年 6 月，国家税务总局实行资源税等 10 个税种合并申报，纳税人填报表单数量从 35 张减少到 11 张，填报数据减少 204 项，实现多税种“一张报表、一次申报、一次缴款、一张凭证”，极大地提高了办税效率。据统计，2020 年 9 月至 2021 年 8 月，云南省资源税纳税人完成申报次数 64 618 次，同比减少 33.06%。

水资源税助推节水提效。国家税务总局数据显示，2020 年，北京、河北等 10 个水资源税试点省份，取用地下水水量占总水量的比例为 33.5%，比改革前 2016 年的 41.5%下降了 8 个百分点。截至 2021 年 7 月 1 日，水资源税改革试点已推行 5 年，作为全国首个试点省，河北 5 年来累计压减地下水超采量 43.5 亿 m^3，超过 2/3 的地下水超采线的地下水位实现回升，水资源税对经济的调节作用不断显现。5 年来，河北累计入库水资源税 88.6 亿元，水资源税月均入库收入是改革前 2015 年水资源费月均入库收入的两倍多。河北年用水总量由 2015 年的 187.2 亿 m^3 减少到 2020 年的 182.7 亿 m^3。

6.3 其他环境相关税收政策

6.3.1 增值税

优化增值税优惠政策办理流程。2021 年 3 月，国家税务总局发布《关于进一步优化增值税优惠政策办理程序及服务有关事项的公告》（国家税务总局公告　2021 年第 4 号），提出进一步精简享受优惠政策办理流程和手续。该公告指出，纳税人适用增值税即征即退政策的，应当在首次申请增值税退税时，按规定向主管税务机关提供退税申请材料和相关政策规定的证明材料。纳税人后续申请增值税退税时，相关证明材料未发生变化的，无须重复提供，仅需提供退税申请材料并在退税申请中说明有关情况。优化增值税优惠政策办理程序，简化即征即退政策的申请流程，有利于降低企业申请税收优惠政策的难度和成本，促进税收优惠政策的落地，从而更好地促进资源综合利用行业的发展。此外，各地方也不断精简增值税即征即退办理程序，如吉林省长春市双阳区税务局通过优化增值税制度性留抵退税、增值税即征即退内部工作流程，实行“来即享、无感到账”的增值税退税服务；宁夏银川市永宁县税务局通过“非接触式”办税服务，简化办税手续，2021 年以来，平均退税时间缩短到 3～5 个工作日。

取消部分钢铁产品的出口退税。2021 年 4 月，财政部和国家税务总局发布《关于取消部分钢铁产品出口退税的公告》（财政部　国家税务总局公告　2021 年第 16 号），提出自 2021 年 5 月 1 日起取消 146 种钢铁出口退税。2021 年 7 月，财政部和国家税务总局发布《关于取消钢铁产品出口退税的公告》（财政部　国家税务总局公告　2021 年第 25 号），提出自 2021 年 8 月 1 日起取消部分冷轧卷板、电镀锌板、镀锡板、硅电钢、石油管等 23 类钢铁产品的出口退税。取消部分钢材产品的出口退税有利于减少国内钢材出口，保障国内钢铁资源供应，有利于缓解钢材生产带来的高耗能高污染问题，促进产业结构调整，助力“双碳”目标的实现。

6.3.2 企业所得税

落实环境污染防治第三方治理企业税收优惠政策。2021 年 4 月，发布《关于落实从事污染防治的第三方企业所得税政策有关问题的公告》（国家税务总局　国家发展改革委　生态环境部公告　2021 年第 11 号），提出自 2021 年 6 月 1 日起，对污染防治第三方治理企业减按 15% 税率征收企业所得税的优惠政策，采取“自行判别、申报享受、相关资料留存备查”的办理方式，并进一步明确主要留存备查资料，细化《关于从事污染防治的第三方企业所得税政策问题的公告》（2019 年第 60 号）第三条规定的转请核查等相关后续管理要求。这有利于提高优惠政策的可操作性，精准落实税收优惠政策，进一步优化税务执法方式，从而促进污染防治第三方治理企业专业化、规模化发展。

更新企业所得税优惠目录。2021 年 12 月 16 日，发布《关于公布〈环境保护、节能节水项目企业所得税优惠目录（2021 年版）〉以及〈资源综合利用企业所得税优惠目录（2021 年版）〉的公告》（财政部　国家税务总局　国家发展改革委　生态环境部公告　2021 年第 36 号），更新了 2008 年版的《资源综合利用企业所得税优惠目录》和 2009 年版的《环境保护节能节水项目企业所得税优惠目录（试行）》，有利于节能环保产业发展，推动资源节约高效利用。

6.3.3 消费税

征收部分成品油的进口消费税。2021 年 5 月，发布《关于对部分成品油征收进口环节消费税的公告》（财政部　海关总署　国家税务总局公告　2021 年第 19 号），提出自 2021 年 6 月 12 日起将对归入税则号列 27075000，且 200℃以下时蒸馏出的芳烃以体积计小于 95%的进口产品，视同石脑油按 1.52 元/L 的单位税额征收进口环节消费税；对归入税则号列 27079990、27101299 的进口产品，视同石脑油按 1.52 元/L 的单位税额征收进口环节消费税；对归入税则号列 27150000，且 440℃以下时蒸馏出的矿物油以体积计大于 5%的进口产品，视同燃料油按 1.2 元/L 的单位税额征收进口环节消费税。对混合芳烃、轻循环油和稀释沥青等成品油视同石脑油或燃料油征收进口环节消费税，有利于抑制不符合标准的燃油加工生产，流向非法经营渠道，造成严重的环境污染的情况。

6.4 小结

6.4.1 存在的问题

环境保护税的调节激励作用有待进一步发挥。一是税额标准总体偏低，过半省（区、市）采用较低税额标准，部分地区税额标准与生态环境质量不匹配。二是差异化优惠政策不足，税收优惠条件比较单一，调节作用有待提升。三是挥发性有机物（VOCs）税目需要调整，非甲烷总烃（NMHC）和总挥发性有机物（TVOC）等综合性指标没有纳入征税税目。四是征管协作、信息共享、纳税监管、技术培训亟须加强。

资源税政策尚需不断完善。一是资源税的征收范围仍较窄。目前资源税法规定的税目仅包含能源矿产、金属矿产、非金属矿产、水气矿产和盐五大类，其他的自然资源还没有被纳入征收范围。二是税率过低导致调节作用不能有效发挥。我国原油、天然气、煤等资源的税率仅为2%～10%，资源税所征收的税费与开采资源所获得的收益差距较大，不能有效发挥其调节作用。此外，不同资源之间的税率差距较小，不能体现稀缺资源的“特殊地位”。三是水资源税改革的计量方式仍不完善。水资源税改革过程中存在计量方式不完善导致的用水征纳问题，从量计征方式无法实现价格联动，不能有效反映市场价格；计量准确度和精确度存在问题，尤其是农业用水计量设施严重不足，难以做到准确计量。

增值税优惠政策有待完善。一是“第一张发票”的缺失导致资源回收环节税赋过高。再生资源回收企业由于难以取得增值税发票，导致增值税链条断裂，无法抵扣进项税额，增加了资源回收企业的增值税税负。二是增值税税收优惠力度不大。增值税即征即退比例较低，如对于企业综合利用报废汽车、报废摩托车等产生或拆解出来的废旧钢铁只享受30%的即征即退，明显低于其他综合利用产品，不利于废旧钢铁资源利用。三是增值税优惠条件较为严苛。现行的《资源综合利用产品和劳务增值税优惠目录（2022 年版）》（以下简称《优惠目录》）设置的条件苛刻、标准过高，政策覆盖面窄，只有极少数再生资源加工企业能够满足要求。四是各地区对增值税优惠政策的使用存在差异。如一些地方税务部门在适用《优惠目录》时，对于加工环节的界定有着不同理解，导致各地税收政策差异较大，影响市场竞争环境的公平性。如山东、安徽、河南等省（区、市）针对废旧物资回收利用产业比例不等的返还增值税地方留存部分，形成了行业税收洼地。

企业所得税优惠力度不足。一是企业所得税政策优惠政策缺乏导向性。目前实行的优惠政策多为普适性的税收优惠政策，缺乏单独针对节能环保、可再生能源的相关政策，这种“一刀切”的企业所得税优惠政策不能实现激励效果的最大化，不利于充分调动企业研发创新环保技术和生产的积极性。二是污染防治第三方治理企业税收优惠力度不足。第三方治理有利于提高治污减排效率，减少监管成本，是促进环境保护的重要抓手之一。但第三方治理的企业所得税优惠政策将于 2021 年年底到期，尚未出台延期或其他税收优惠政策，这不利于促进第三方治理行业的发展。

消费税的环境保护行为激励作用有待加强。一是消费税征税范围较窄。目前我国消费税纳入的与环境保护相关的税目还不够，消费税仅涵盖烟、鞭炮焰火、铅蓄电池和涂料等污染环境税目，小汽车和游艇等能源消耗税目，成品油、实木地板和木制一次性筷子等资源类税目，消费税的绿化水平比较有限（周波，2021）。消费税与环境保护政策契合度不够，不利于发挥消费税的环境保护职能。二是消费税与环境保护税的协同性不足。消费税与环境保护税承担着不同程度的能源资源节约和环境保护职能，消费税通过影响消费者成本影响消费者行为，环境保护税通过增加企业税负调节企业行为。只有将消费税和环境保护税、资源税协同配合，才能有效地发挥税收政策对于污染治理的调节作用，但目前消费税与环境保护税协同作用不足。

6.4.2 发展方向

完善环境保护税改革。一是推动完善税制设计，加大对企业的激励约束力度。研究提高环境保护税税额标准，研究设置税额分档制，建立与 GDP 等经济指标、生态环境质量挂钩机制，使税额标准与经济发展水平、环境质量相适应。增加减税优惠档位，加强对超低排放的支持力度，拓宽减税优惠条件，提出对污染物减量排放的税收优惠。二是加强对纳税人和基层税务、生态环境部门工作人员的培训力度，选取污染物排放量大、种类多、申报有困难的企业建立对口常态化联络机制，强化对企业的监督帮助。三是调整挥发性有机物（VOCs）征收税目，推动将非甲烷总烃纳入环境保护税大气污染物税目，完善监测申报配套制度。四是加强税收征管机制，规范海洋工程环境保护税征收，加快固体废物的涉税信息共享，落实企业纳税责任。

继续深化资源税改革。一是逐步扩大资源税的征收范围。首先应当对资源稀缺程度高、生态环境影响严重，同时征管成本相对较低的自然资源进行征税，而后要适时地将森林、草原这类极易被破坏的自然资源纳入征收范围，逐步建立起生态资源税收体系。二是适当提高资源税税率。根据各地区资源条件及经济发展差异、企业承受能力等因素，规定资源税税率变动幅度。授权省级政府按照税费平移原则，适当提高稀缺资源的税率，对稀缺性资源、非替代性资源、不可再生性资源，调高现行税率标准。三是加大水资源计量基础设施的投入。水资源税按照从量计征和从价计征相结合的计量方式，鼓励推广用水、取水在线计量设施，统一购置水表，通过财政补贴、税收减免、投资退税等多种积极形式引导纳税人主动安装设施。

进一步完善增值税优惠政策。一是尽快制定统一的再生资源行业增值税税收优惠政策，建立全供应链信息化综合服务平台，完善配套的税收优惠实施制度和机制。二是考虑针对符合监管要求的再生资源回收企业自行开具收购发票，或对该类企业免征增值税政策。在报废汽车、废电器等已具备良好监管基础条件的领域开展试点，后续推广至具备一般纳税人资格的再生资源回收企业（常纪文，2021）。三是动态调整税收优惠目录，及时更新、修订并扩大优惠企业范围，细化、优化目录规定，提高优惠政策的适用性。四是适度提高加工环节增值税税收优惠力度，考虑再生资源综合利用对产业转型、高质量发展的促进作用，适当提高包括废旧钢铁在内的再生资源综合利用增值税优惠力度，如将废旧钢铁增值税退税比例由现行的 30%提升到 70%以上。

提高企业所得税优惠力度。一是提高企业所得税优惠政策导向性。对环保、可再生能源等绿色低碳发展产业实行具有针对性的企业所得税优惠政策，加大优惠力度，充分发挥税收优惠政策对企业绿色转型、低碳发展的激励和促进作用。二是增加第三方治理企业所得税优惠政策力度。继续延长第三方治理企业所得税优惠税率政策，同时通过多种形式的税收优惠减免第三方治理项目参与主体的税收负担，释放第三方治理市场的内在发展动力，比如可以按照固体废物处理及再利用等产业的税收优惠方式，对第三方治理项目所涉企业的所得税采用“三免三减半”的优惠政策等。

充分发挥消费税的环境保护作用。一是征税范围和税率的调整应当进一步凸显消费税的绿色性质，发挥调节经济、促进合理健康消费的作用。征税范围应该有增有减，与能源资源消耗、环境污染等相关商品可以纳入消费税征税范围，同时在保持总体相对稳定的基础上对税率进行适当调整。考虑逐步将塑料制品、一次性包装物、洗涤剂、化学染料和化学农药等产品纳入消费税征税范围。二是加强消费税和环境保护税的协同效应。提高两种税种在征税范围、税率等方面的配合度，充分发挥消费税和环境保护税在影响个人生活方式、企业生产方式等方面的促进作用，推进税制绿化建设，助力绿色消费、绿色生产和节能环保发展。

7 绿色金融政策

“十三五”期间，我国绿色金融顶层设计基本完成，制度体系基本形成，规范标准不断完善，政策环境较好，提供的绿色金融产品和服务规模居世界前列。2021 年在“三新一高”“双碳”目标愿景新形势下，绿色金融改革的巨大潜力进一步释放，金融资源不断向绿色低碳领域倾斜，绿色衍生品市场具有更多的增长空间和发展机遇。

7.1 绿色金融宏观支持政策频出

“十四五”开局之年，为鼓励和引导包括金融机构在内的各类社会资金主体进入绿色金融领域，支持国家推动实现“双碳”目标、建立健全绿色低碳循环发展经济体系、深入打好污染防治攻坚战、推进绿色城乡建设等重大战略决策，我国绿色金融政策频出，“三大功能”“五大支柱”的绿色金融发展政策思路进一步明确，绿色金融政策、标准体系不断完善。

党中央、国务院关于“碳达峰、碳中和”的重大战略决策明确了绿色金融发展要求。2021 年 9 月，中共中央、国务院印发的《关于完整准确全面贯彻新发展理念做好碳达峰碳中和工作的意见》提出，我国绿色金融政策与市场体系建设包含 6 个方面：一是有序推进绿色低碳金融产品和服务开发，设立碳减排货币政策工具，将绿色信贷纳入宏观审慎评估框架，引导银行等金融机构为绿色低碳项目提供长期限、低成本资金；二是鼓励开发性政策性金融机构按照市场化法治化原则为实现“碳达峰、碳中和”提供长期稳定融资支持；三是支持符合条件的企业上市融资和再融资用于绿色低碳项目建设运营，扩大绿色债券规模；四是研究设立国家低碳转型基金；五是鼓励社会资本设立绿色低碳产业投资基金；六是建立健全绿色金融标准体系。2021 年 10 月，国务院印发的《2030 年前碳达峰行动方案》（国发〔2021〕23 号）指出，深化绿色金融国际合作，积极参与碳定价机制和绿色金融标准体系国际宏观协调，与有关各方共同推动绿色低碳转型。完善绿色金融评价机制，建立健全绿色金融标准体系。大力发展绿色贷款、绿色股权、绿色债券、绿色保险、绿色基金等金融工具，设立碳减排支持工具，引导金融机构为绿色低碳项目提供长期限、低成本资金，鼓励开发性政策性金融机构按照市场化法治化原则为“碳达峰”行动提供长期稳定融资支持。拓展绿色债券市场的深度和广度，支持符合条件的绿色企业上市融资、挂牌融资和再融资。研究设立国家低碳转型基金，支持传统产业和资源富集地区绿色转型。鼓励社会资本以市场化方式设立绿色低碳产业投资基金。预计，随着我国“双碳”目标的持续推进与落实，绿色金融等将成为我国应对气候变化、助力“双碳”目标实现的主要政策手段。

党中央、国务院关于绿色发展和深入打好污染防治攻坚战的决策中明确绿色金融发展方向。2021 年 2 月，国务院正式发布《关于加快建立健全绿色低碳循环发展经济体系的指导意见》（国发〔2021〕4 号），提出要大力发展绿色金融。该意见指出，要发展绿色信贷和绿色直接融资，加大对金融机构绿色金融业绩评价考核力度；统一绿色债券标准，建立绿色债券评级标准；发展绿色保险，发挥保险费率调节机制作用；支持符合条件的绿色产业企业上市融资；支持金融机构和相关企业在国际市场开展绿色融资；推动国际绿色金融标准趋同，有序推进绿色金融市场双向开放；推动气候投融资工作。2021 年 3 月，中央财经委员会第九次会议强调，要完善有利于绿色低碳发展的财税、价格、金融、土地、政府采购等政策，加快推进碳排放权交易，积极发展绿色金融。2021 年 10 月，中共中央办公厅、国务院办公厅印发《关于推动城乡建设绿色发展的意见》，要求加大财政、金融支持力度，完善绿色金融体系，支持城乡建设绿色发展重大项目和重点任务。2021 年 11 月，中共中央、国务院发布《关于深入打好污染防治攻坚战的意见》，指出大力发展绿色信贷、绿色债券、绿色基金，加快发展气候投融资，在环境高风险领域依法推行环境污染强制责任保险，强化对金融机构的绿色金融业绩评价。2021 年 11 月，国务院办公厅发布《关于鼓励和支持社会资本参与生态保护修复的意见》（国办发〔2021〕40 号），提出在不新增地方政府隐性债务的前提下，支持金融机构参与生态保护修复项目，拓宽投融资渠道，优化信贷评审方式，积极开发适合的金融产品，按市场化原则为项目提供中长期资金支持。推动绿色基金、绿色债券、绿色信贷、绿色保险等加大对生态保护修复的投资力度。

国家有关部委在相关政策制定中提出绿色金融发展举措。2021 年 5 月，中国人民银行印发《银行业金融机构绿色金融评价方案》，鼓励银行业金融机构积极拓展绿色金融业务，加强对高质量、绿色低碳发展的金融支持。2021 年 9 月，国家发展改革委印发《完善能源消费强度和总量双控制制度方案》（发改环资〔2021〕1310 号），要求健全绿色金融体系，完善绿色金融标准体系和政策措施，对节能给予多元化支持。2021

年 9 月，工业和信息化部、中国人民银行、银保监会、证监会四部门联合发布《关于加强产融合作推动工业绿色发展的指导意见》（工信部联财〔2021〕159 号），进一步丰富了绿色金融政策框架，要求建立健全碳核算和绿色金融标准体系，加大绿色融资支持力度，创新绿色金融产品和服务。2021 年 10 月，国家发展改革委、工业和信息化部、生态环境部、国家市场监督管理总局、国家能源局联合发布《关于严格能效约束推动重点领域节能降碳的若干意见》（发改产业〔2021〕1464 号），提出要“积极发展绿色金融，设立碳减排支持工具，支持金融机构在风险可控、商业可持续的前提下，向碳减排效应显著的重点项目提供高质量的金融服务。拓展绿色债券市场的深度和广度，支持符合条件的节能低碳发展企业上市融资和再融资”。

7.2 绿色金融产品不断创新

绿色信贷市场稳步发展。中国人民银行数据显示，截至 2021 年第三季度末，本外币绿色贷款余额为 14.78 万亿元，同比增长 27.9%，比上季度末高 1.4 个百分点，占总体贷款的 7.8%，高于各项贷款增速 16.5 个百分点，前三季度增加 2.74 万亿元。其中，投向具有直接和间接碳减排效益项目的贷款分别为 6.98 万亿元和 2.91 万亿元，合计占绿色贷款的 66.9%。分用途看，基础设施绿色升级产业贷款和清洁能源产业贷款余额分别为 6.99 万亿元和 3.79 万亿元，同比分别增长 25.7%和 22.8%。银保监会数据显示，截至 2021 年 9 月末，国内 21 家主要银行机构绿色信贷余额达 14.08 万亿元，较年初增长 21%以上，预计每年借阅标准煤超 4 亿 t，减排二氧化碳当量超 7 亿 t。绿色信贷资产质量整体良好，近 5 年不良贷款率均保持在 0.7%以下，远低于同期各项贷款整体不良水平。

绿色债券市场深入推进。2021 年 4 月，中国人民银行、国家发展改革委、证监会联合发布《绿色债券支持项目目录（2021 年版）》（银发〔2021〕96 号），将绿色项目分为节能环保产业、清洁生产产业、清洁能源产业、生态环境产业、基础设施绿色升级、绿色服务六大领域，增加了有关绿色农业、绿色建筑、可持续建筑、水资源节约和非常规水资源利用等新时期国家重点发展的绿色产业领域类别，对绿色装备制造领域的支持从生产端扩展到对相关贸易活动的支持上，同时，新版目录在四级分类上，不再将煤炭等化石能源清洁利用项目纳入绿色债券支持范围，并采纳国际通行的“无重大损害”原则，实现与国际主流绿色资产分类标准接轨。2021 年前三季度在全国产业低碳转型的背景下，绿色金融持续加强对绿色项目的政策支持，绿色债券发行规模达 3 527.5 亿元，发行期数为 287 期，新增 333 支“贴标”绿色债券，较去年同期增长 134.2%，涨幅明显。从绿色债券发行特征来看，2021 年发行的绿色债券以中期票据为主，总共发行 107 期，发行规模为 1 210.97 亿元；从发布行业分布来看，绿色债券以电力和商业银行发行为主，发行规模为 1 749.45 亿元，约占所有发行总额的 52.34%，绿色债券发行主体已由金融机构转向实体企业。

碳中和债发行持续加温。2021 年前三季度，在节能减排政策推动下，碳中和债发行规模持续增长，发行数量为 192 支，募集规模达到 1 904.72 亿元。碳中和债发行规模占绿色债券市场的 40%左右，对绿色债券市场增长有显著贡献。根据碳中和债政策要求，碳中和债的募投领域涵盖清洁能源、清洁交通、绿色建筑、工业低碳改造等。截至 2021 年 9 月，碳中和债需求 80%来自清洁能源领域。清洁能源作为产业转型及“碳中和”目标的重点扶持领域，未来的融资需求会持续扩大，同时绿色交通、碳汇、低碳改造等产业在政策的激发下，有望成为碳中和债新的增长点。

绿色保险平稳推进。根据中国保险行业协会统计，截至 2020 年年末，保险资金运用于绿色投资的存量规模有 5 615 亿元，较 2018 年增长了 40%以上，但仅占 2020 年年末我国保险业资金运用余额 21.68 万亿元的 2.6%。2021 年 5 月，中国保险资产管理业协会发布《助推实现“碳达峰、碳中和”目标倡议书》，提出保险资管行业积极探索绿色投资标准，建立健全绿色投资评价标准。多家头部保险企业将 ESG 理念纳入中长期发展规划，并制订绿色投资指导方案。截至 2021 年 8 月，保险资金实体投资项目中涉及绿色产业的债券投资计划登记规模达 10 601.76 亿元，保险资金以股权投资计划形式进行绿色投资的登记规模为 114 亿元。保险资金通过债券、股票、资管产品等方式投向“碳中和、碳达峰”和绿色发展相关产业的规模接近 1 万亿元。

7.3 气候金融政策力度加大

气候投融资试点工作正式启动。2021 年 12 月，生态环境部、国家发展改革委等九部门联合发布《关于开展气候投融资试点工作的通知》（环办气候〔2021〕27 号），制订了《气候投融资试点工作方案》，标志着我国气候投融资地方试点工作正式启动。方案的重点内容有，一是对气候投融资试点工作的总体要求和组织实施进行了统一部署。特别指出，气候投融资是绿色金融的重要组成部分：“气候投融资是指为实现国家自主贡献目标和低碳发展目标，引导和促进更多资金投向应对气候变化领域的投资和融资活动，是绿色金融的重要组成部分。”并明确了气候投融资的支持范围，包括减缓和适应两个方面。二是强调气候投融资模式与工具创新，明确“鼓励试点地方各类金融机构创新气候友好型的绿色金融产品和服务；鼓励符合条件的试点地方气候友好型企业通过资本市场进行融资和再融资；鼓励试点地方通过市场化方式推动小微企业和社会公众参与应对气候变化行动”，并提出“支持国际金融组织和跨国公司在试点地方开展气候投融资业务，积极引进境外资金”以及“有序发展碳金融”。

碳金融政策陆续出台支持碳减排。2021 年 2 月，中国银行间市场交易商协会在绿色债务融资工具下创新推出碳中和债，3 月印发《关于明确碳中和债相关机制的通知》，对碳中和债进行定义，并提出募集资金专项用于具有碳减排效益的绿色项目，明确披露碳减排等环境效益信息，确保碳减排效益“可计算、可核查、可检验”。2021 年 3 月，生态环境部公布了《碳排放权交易管理暂行条例（草案修改稿）》（环办便函〔2021〕117 号），首次明确提出设立碳排放政府基金，即国家碳排放交易基金，保障有偿分配收入用途。2021 年 11 月 8 日，中国人民银行推出碳减排支持工具，通过“先贷后借”机制，对金融机构向碳减排重点领域内相关企业发放的符合条件的碳减排贷款，其贷款利率应与同期限档次贷款市场报价利率（LPR）大致持平，重点支持清洁能源、节能环保、碳减排技术三大领域发展，这一结构性货币政策工具将成为支持我国“双碳”目标实现的一个长期性金融工具。2021 年 11 月 17 日，国务院常务会议决定“在前期设立碳减排金融支持工具基础上，再设立 2 000 亿元支持煤炭清洁高效利用专项再贷款，形成政策规模，推动绿色低碳发展”。

推动开展碳排放信息披露。2021 年 5 月，经中央全面深化改革委员会审议通过，生态环境部印发《环境信息依法披露制度改革方案》（环综合〔2021〕43 号），对环境信息依法披露制度改革做出顶层设计，从健全规范要求、建立协同管理机制、健全监督机制、加强法治化建设 4 方面提出了 15 项重点任务，对推动形成企业自律、管理有效、监督严格、支撑有力的环境信息依法披露制度做出了系统安排。2021年6月，证监会发布了《公开发行证券的公司信息披露内容与格式准则第2号——年度报告的内容与格式（2021年修订）》（证监会公告〔2021〕15号）和《公开发行证券的公司信息披露内容与格式准则第3号——半年度报告的内容与格式（2021年修订）》（证监会公告〔2021〕16号），建议上市企业在年报和半年报中披露碳排放相关信息，引导企业在生产经营活动中减少碳排放。2021年8月，中国人民银行发布《金融机构环境信息披露指南》和《环境权益融资工具》，为引导规范金融机构环境披露工作、创设和推广环境权益融资产品提供标准支撑。2021年12月，生态环境部印发《企业环境信息依法披露管理办法》（生态环境部部令第24号），提出企业应当披露企业基本信息、企业环境管理信息、污染物生产、治理与排放信息，碳排放信息等相关环境信息。

7.4 涌现出一批绿色金融典型案例

上海市加速打造国际绿色金融枢纽。瞄准国际绿色金融枢纽的目标，2021年10月，上海市对外公布了首份绿色金融专门文件《上海加快打造国际绿色金融枢纽　服务碳达峰碳中和目标的实施意见》（沪府办发〔2021〕27号），积极助力国家实现“双碳”目标。该意见共提出7方面24项举措，包括加强绿色金融市场体系建设、创新绿色金融产品业务、健全绿色金融组织机构体系、强化绿色金融保障体系、加大金融对产业低碳转型和技术创新的支持力度、深化绿色金融国际合作、营造良好绿色金融发展环境。该意见提出，到2025年，上海市绿色金融市场能级显著提升，绿色直接融资主平台作用更加凸显，绿色信贷占比明显提高，绿色金融产品业务创新更加活跃，绿色金融组织机构体系进一步完善，形成国际一流绿色金融发展环境，对全国绿色低碳发展的支撑更加有力，在全球绿色金融合作中的角色更加重要，基本建成具有国际影响力的碳交易、定价、创新中心，基本确立国际绿色金融枢纽地位。

深圳市持续完善绿色金融政策体系。2021 年 3 月 1 日，《深圳经济特区绿色金融条例》正式实施，是我国首部绿色金融相关法律法规，为我国绿色金融发展打开了新局面，产生了示范效应。2021 年 3 月，深圳市市场监督管理局发布了《绿色企业评价规范》等 4 个标准，有助于社会践行绿色发展理念，初步开始构建绿色标准体系。深圳市监管部委陆续出台两份政策文件，分别为深圳市地方金融监督管理局联合人民银行深圳市中心支行、深圳银保监局印发的《关于加强深圳市银行业绿色金融专营体系建设的指导意见（试行）》（深金监规〔2021〕3 号），深圳市生态环境局和深圳银保监局联合印发的《深圳市环境污染强制责任保险实施办法》，分别从激励银行机构设立绿色金融专营机构、明晰环境污染强制责任保险机制方面，推进深圳绿色金融细化方向的深入建设。2021 年 10 月，中国银行保险监督管理委员会深圳监管局等三部门联合发布《关于推动金融业服务新发展格局的指导意见》，再次重申要大力发展绿色金融，支持绿色、低碳、循环经济发展。

江苏省出台实施“绿色金融 30 条”。2021 年 9 月，中国人民银行南京分行、省地方金融监管局联合牵头，会同省发展改革委、省财政厅、省生态环境厅、中国银行保险监督管理委员会江苏监管局等 13 个部门联合出台《关于大力发展绿色金融的指导意见》（以下简称《意见》）。《意见》共 10 部分 30 条措施（简称“绿金 30 条”），旨在构建具有江苏特色的绿色金融体系，引导和激励更多金融资源支持节能减排及绿色发展，确保如期实现“双碳”目标。《意见》明确了绿色金融支持的重点领域、搭建基础性制度框架、培育环境权益交易市场、完善机构体系、创新产品服务、推进改革创新试点、建立激励约束机制、健全风险防控机制等具体内容。《意见》从政策体系、组织体系、产品体系、风控体系四大体系出发，构建了具有江苏特色的绿色金融发展框架。

山东省出台全国首个专门针对生态环保领域的省级金融支持政策。制定《关于金融支持生态环境保护和生态环保产业发展的若干措施》（烟银发〔2022〕7 号）。2021 年 12 月 28 日，由山东省政府新闻办举行新闻发布会对外发布并进行政策解读，这是全国首个专门针对生态环保领域出台的省级金融支持政策。该措施从建立推进机制、开展跟踪问效、加大金融支持力度、创新金融支持模式、加强政银企联动、加强宣传监督六大方面提出 17 条具体措施，将为山东生态环境保护和生态环保产业发展持续注入绿色新动能。该措施提出将建立环保金融项目库，计划于 2022 年 3 月底前制定出台山东省环保金融项目库管理办法，率先建立省环保金融项目库，鼓励各市建立市级环保金融项目库。入库项目将被定期推送至金融机构，作为绿色融资主体贷款授信和享受政策优惠的重要依据。将充分发挥结构性货币政策工具的减碳引导作用和金融辅导体系的精准服务优势，撬动更多金融资源流向生态环保领域。此外，山东省还将设立省土壤污染防治基金，并加大省绿色发展基金对生态环保产业发展的支持力度。引导金融资源加大对“环保管家”“环境医院”、环境导向的 EOD 模式试点、环境综合治理托管服务模式试点等生态环保治理模式的支持力度。

福建省深入推动绿色保险产品创新。福建省保险业立足林业优势，持续创新推广林业碳汇保险模式。一是首创碳汇融资模式。2021 年 3 月，在南平市试点全国首单“碳汇贷”银行贷款型森林火灾保险，为当地国有林场提供 2 100 万元融资。二是首推碳汇保险产品。2021 年 5

月，在南平市、龙岩市分别试点碳汇价格保险、碳汇指数保险，是全国首个碳汇价格和首个碳汇指数保险项目，为当地提供 2 000 万元的碳汇损失风险保障，通过森林所带来的碳汇功能，将林业所产生的碳汇恢复期间耗损、固碳能力修复成本以及碳排放权交易价值等纳入保障范围。三是推广森林综合保险。福建森林综合保险经过 10 多年的发展，已经成为涵盖病虫害、自然灾害等多种责任在内的综合性险种，承保面覆盖全省，2021 年上半年为全省森林提供风险保障约 700 亿元，是保障林业碳汇资源最重要的传统险种。四是试点古树名木保险。在福州市永泰县、龙岩市长汀县等地推出古树名木保险，其中永泰县承保约 2 700 株（涉及树种多达 15 类），长汀县承保约 2 200 株。五是试点林下经济保险。在龙岩市武平县试点林下经济保险，为林下种植的仿野生灵芝提供风险保障。

7.5 小结

7.5.1 存在的问题

整体来看，绿色金融在支撑实现“双碳”目标、持续推进生态环境质量改善中还面临诸多困境。

一是绿色金融的政策标准有待完善。绿色金融政策体系与标准建设不适应实现“双碳”目标需求，绿色金融无法充分支撑生态环境质量改善的需求，低碳技术标准、应对气候变化风险识别与防范等金融基础设施建设亟须加强，气候投融资政策有待进一步落地实施。

二是市场回报机制不健全。生态环保领域市场价格机制不完善，资源性产品价格与环保收费未完全体现环境成本影响因素，未形成合理的费用分担机制，回报不稳定。投资者会考虑相应项目的投资收益，而减污降碳协同等绿色项目属于公益属性，经济效益有限，部分项目更是需要较长建设周期和收益回报期，难以吸引金融机构投资。

三是绿色金融产品创新不足。绿色信贷约占绿色融资规模的 90%，绿色债券、绿色保险、绿色基金、碳金融等绿色金融产品占比不足 10%，绿色债券募集资金投向生态环境保护领域的资金较少，仅占总发行规模的 0.6%。碳排放权交易市场不活跃，相关金融工具，如信托、融资租赁等还未将碳减排问题考虑在内。

四是绿色金融相关法律法规体系仍需完善。我国绿色金融尚无上位法支撑，相关部门出台的绿色金融规范性文件缺乏刚性约束。应对气候变化的专门立法尚未出台。

五是缺乏国际绿色金融规则制定话语权。我国金融业与生态环保产业融合相对较晚，某些领域如气候投融资方面研究不足、能力受限，参与国际气候投融资的标准制定研究能力不足，致使当前绿色金融标准和机制建立依旧以欧美等国为主导，绿色金融规则制定话语权较弱。

7.5.2 发展方向

我国绿色金融的发展路径在“碳达峰、碳中和”的背景下更加明晰。在构建绿色金融体系的过程中，我国应充分发挥政府完善制度环境职责，强化政府顶层设计职能，重视保持政策领先和市场培育，构建统计基础设施，完善激励机制，积极参与国际合作和竞争，成为实现“双碳”目标的中坚力量。

一是健全绿色金融政策体系。加快完善绿色金融标准体系、统计体系、评价体系、征信体系，调整优化绿色信贷、绿色债券标准，制定基金、保险、碳排放权交易市场等领域的绿色金融标准。构建绿色金融环境绩效评估方法体系，统计和披露在境内外绿色资产的环境效益、高碳和污染性资产的环境影响。通过财政奖补、贴息等方式，对符合条件的绿色信贷、绿色债券、环境污染责任保险等进行奖补，引导金融资本投向绿色企业和绿色项目。对绿色信贷达到一定比例的银行，给予绿色金融债、绿色资产证券化等鼓励措施。

二是加强绿色金融产品与服务创新。开发支持减污降碳协同增效、适应气候变化等领域的金融产品。结合我国深入打好污染防治攻坚战和实现“双碳”目标的需求，共同推进减污降碳项目。加大生态环保项目投融资，支持 VOCs 污染深度治理等企业发行绿色债券，研究推动排污权抵押贷款、排污权租赁，发展环境权益回购、保理、托管等金融产品，鼓励银行业金融机构发行绿色金融债券，发展重大环保装备融资租赁。推动运营国家绿色发展基金，鼓励金融机构参与粤港澳大湾区、长三角区域、黄河流域等区域性绿色发展基金研究设立，支持重点区域流域生态环境治理。在重金属、危险废物、有毒有害物质等高环境风险领域深入推进环境污染强制责任保险。探索绿色金融新模式，研究“生态资产权益抵押+项目贷”模式，支持区域绿色产业发展及生态环境修复，探索生态产品资产证券化路径和模式。

三是强化气候投融资政策创新。加快研究制定气候债券标准，合力推动气候投融资项目、市场主体和资金信息披露等标准研究，不断丰富绿色债券产品。加强对国家自主贡献重点项目的金融政策支持，建立国家自主贡献重点项目库，降低国家自主贡献重点项目的风险权重，有效利用再贷款、再贴现等政策工具支持气候投融资地方试点。强化对地方气候投融资试点工作的金融政策支持，选择有条件的地区进行第一批气候投融资试点工作；完善气候投融资配套政策，支持地方制定投资负面清单抑制高碳投资；引导和激励多元化金融机构开发气候友好型绿色金融产品，探索将气候风险纳入宏观审慎评估框架

（MPA）。支持合理利用境外资金投融资国内气候项目，积极推动境内符合条件的绿色金融资产跨境转让，支持离岸市场持续丰富人民币绿色金融产品及交易，引导合格的境外机构投资者参与境内气候投融资活动。研究设立国家气候基金，引导金融机构对入库项目提供金融服务和金融产品创新。健全碳减排数据核算体系，推动建立常态化的应对气候变化基础数据获取渠道，加强与投融资统计工作的协调，提高数据时效性。

四是构建绿色金融风险评估与管理机制。加强气候变化相关金融风险管理能力，对气候变化可能引起的金融风险进行归纳分析，做好气候风险项目管理；对环境与气候风险的识别、分析、缓释、控制与报告进行深度研究，逐步将环境和气候风险纳入银行业金融机构全面风险的管理体系当中；鼓励金融机构开发多样化的气候保险产品。提高金融机构在绿色项目投入的风险识别能力，通过开发环境压力测试等量化信用评估分析工具，加强自身风险识别管理能力；设立绿色金融研究部，运用金融手段开展风险动态管理工作。完善碳排放权交易市场风险管理机制，制定国家总量控制目标，使减排目标通过交易配额公平有效地落实到每一个企业，减少“双碳”战略实施带来的企业倒闭和违约等转型风险，同时，健全信息公开和信息披露制度，降低因信息不对称带来的交易风险。

五是深化绿色金融国际合作。积极利用多边平台推动深化绿色金融国际交流。坚持“互利共赢、共同发展”的原则，发挥我国绿色金融市场规模巨大、融资领域范围较广、结构多元化等优势，积极推进全球绿色金融标准的一致性。健全“一带一路”沿线国家和地区气候投融资合作机制。搭建全球气候治理与绿色金融交流平台，加强在气候投融资领域的多方合作，积极推动国内绿色金融标准的国际互认机制。对无法负担融资成本、负债压力大等企业，开放国际金融机构贷款渠道。推动研究气候债、混合融资等融资方式。构建“一带一路”气候投融资项目披露体系，公开现有项目和发展中项目的相关信息，为国际资本的参与提供渠道。加强应对气候变化、国际金融、国际贸易等专业队伍能力建设，培养气候投融资、绿色金融方面的人才，开展专题培训，围绕“一带一路”项目，结合中欧绿色投融资示范区等，促进绿色金融技术、产品、人才的国际化常态交流。

8 环境污染治理市场政策

2021 年我国环境污染治理市场政策全面发展。社会资本合作（PPP）模式逐渐健全，环境污染第三方治理体系进一步完善，EOD 模式应用继续扩展，生态环境保护领域的“供血能力”不断提高。

8.1 环保 PPP 政策逐渐健全

环境治理领域 PPP 项目支持政策不断完善。2021 年 11 月，国务院办公厅印发《关于鼓励和支持社会资本参与生态保护修复的意见》（国办发〔2021〕40 号），支持社会资本参与生态保护修复项目投资、设计、修复、管护等全过程，围绕生态保护修复开展生态产品开发、产业发展、科技创新、技术服务等活动，鼓励有稳定经营性收入的项目采用政府和 PPP 等模式，探索通过 PPP 等模式引入社会资本开展生态保护修复，按规定享受环境保护、节能节水等相应税收优惠政策，对区域生态保护修复进行全生命周期运营管护。

生态环境治理仍是 PPP 重点领域。据财政部 PPP 中心统计，截至 2021 年 11 月，生态建设和环境保护类新入库项目 44 个，在行业类别中排名第三，仅次于市政工程和交通运输类；生态建设和环境保护类新入库项目投资额达到470亿元，在行业类别中排名第四，仅次于交通运输、市政工程和城镇综合开发类。PPP管理库内生态建设和环境保护类累计项目数961个，投资额达到10 755亿元；签约落地项目数729个，投资额达到8 668亿元；开工建设项目数466个，投资额达到4 731亿元。公共交通、供排水、生态建设和环境保护、水利建设、可再生能源、教育、科技、文化、养老、医疗卫生、林业、旅游等多个领域PPP项目都具有支持污染防治和推动经济结构绿色低碳化的作用，截至2021年11月，该口径新入库项目312个、投资额2 862亿元；签约落地项目333个、投资额5 311亿元；开工建设项目300个、投资额4 242亿元。2014年以来，管理库累计污染防治与绿色低碳项目5 904个、投资额5.7万亿元，分别占管理库的57.8%和35.4%。

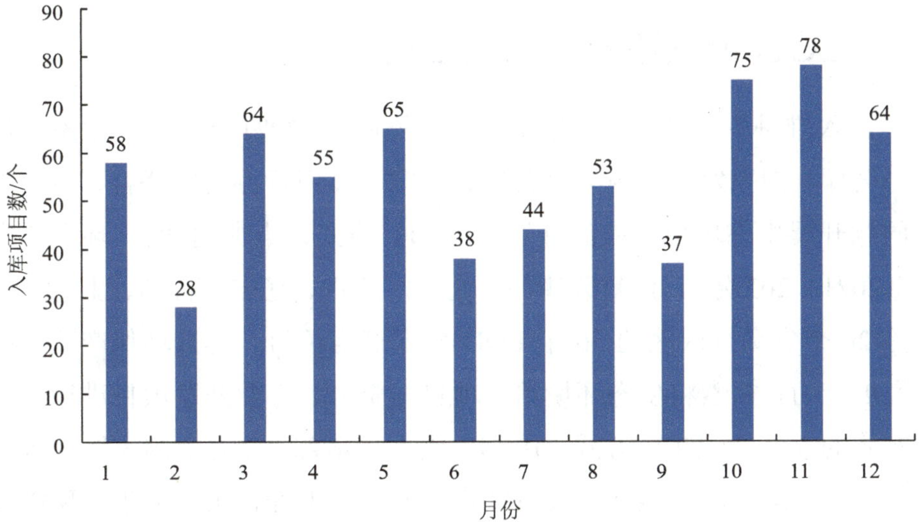

图8-1 2021年全国PPP项目入库情况

8.2 环境污染第三方治理模式广为推行

各地积极探索实施环境污染第三方治理模式。2021 年湖北省十堰市郧阳区为推进干沟片区矿山开采破坏生态环境问题整改，全程引入第三方参与生态修复工作：在规划编制环节，聘请专业设计公司，因地制宜、一点一策设计修复方案；在施工环节，由区属国有企业全权负责，并委托监理公司全程监督施工质量；在验收环节，聘请第三方公司严格把关验收，取得了生态修复的良好成效。10 月，广西壮族自治区生态环境厅引进广西环境保护产业协会开展“环境应急监管第三方服务”，通过组织科研院校教授、专业环保企业高工等专家力量，利用无人机、便携式污染物监测仪等手段，对自治区内化工企业相对集中的钦州市、北海市、防城港市的化工园区及园区内 28 家企业进行专项帮扶，指导企业开展风险隐患问题治理，促进应急管理能力和风险防控水平提升。

8.3 EOD 模式不断创新与应用

深入推进生态环境导向的 EOD 模式试点。2021 年 4 月，生态环境部办公厅、国家发展改革委办公厅、国家开发银行办公室联合印发《关于同意开展生态环境导向的开发（EOD）模式试点的通知》（环办科财函〔2021〕201 号），批复天津、河北、内蒙古、辽宁、吉林、上海、江苏等 20 个省级行政区的 36 个 EOD 模式试点项目，提升环保产业可持续发展能力，探索将生态环境治理项目与资源、产业开发项目进行一体化实施的项目组织实施方式。10 月，生态环境部办公厅、国家发展改革委办公厅、国家开发银行办公室联合印发《关于推荐第二批生态环境导向的开发模式试点项目的通知》（环办科财函〔2021〕468 号），向各地征集第二批生态环境导向的 EOD 模式备选项目，并明确申报条件、申报要求、报送时间等。国家开发银行按照精准施策、市场化运作和风险可控原则，发挥开发性金融大额中长期资金优势，统筹考虑经济效益和环境效益，在资源配置上予以倾斜，加大支持力度。

政策性银行加大对生态环保重点项目的支持。长期以来，国家开发银行将生态环保作为重点支持领域，通过加强部委合作、提供资金支持、开展试点示范，“十五”到“十三五”期间，国家开发银行向生态环保领域发放贷款累计25 109亿元；截至2020年年底，贷款余额为16 074亿元，有力地支持了生态环保事业发展。2021年1月6日，国家开发银行与生态环境部在京签署《关于深入打好污染防治攻坚战　共同推进生态环保重大工程项目融资合作备忘录》，提出将聚焦打好污染防治攻坚战，推动绿色发展，充分发挥开发性金融的先锋先导作用，合力推进重大生态环境治理项目实施，为深入打好污染防治攻坚战做出新的贡献。2021年国家开发银行发放生态环保领域贷款3 097亿元，贷款余额为16 641亿元，对生态环保重大工程项目给予优先尽调、优先审查审批、优先贷款投放、优惠利率、延长贷款期限等优惠信贷政策，积极推动EOD模式试点，探索创新金融支持绿色发展的新模式、新方法。2021年国家开发银行向36个试点项目中的重庆市广阳岛、四川省遂宁市、浙江省湘湖市等6个项目承诺贷款519亿元，实现发放贷款121亿元。

安徽省EOD试点工作取得新进展。2021年4月，国家确定的第一批36个试点项目中，安徽省推荐的马鞍山市向山地区、宿州30万亩农田残膜污染治理和生态塑料产业化，芜湖市湾址区“两江四圩”3个EOD模式项目名列其中。7月9日，安徽省生态环境厅与国家开发银行安徽省分行共同签署《深入打好污染防治攻坚战　共同推进全省生态环保重大项目融资和节能环保产业发展合作备忘录》。从项目启动开始，安徽省生态环境厅会同“两行”主动靠前服务，对有意申报的项目进行政策解读和技术指导，帮助解决专业领域的技术难题、优化项目发展思路。安庆市岳西县、金寨史河老城区段水生态修复与水生态资源开发运营一体化，蚌埠市天河湖生态环境治理与乡村振兴融合发展 3 个 EOD 模式项目已分别获得国家开发银行安徽省分行 19.3 亿、23.3 亿、9 亿元贷款；马鞍山市向山治理 EOD 项目获得中国农业发展银行安徽省分行 10 亿元贷款。2021 年以来，安徽省生态环境厅先后与国家开发银行安徽省分行、中国农业发展银行安徽省分行、中国工商银行安徽省分行签订了战略合作协议，在借力国家政策性银行额度大、时限长的优势的同时，充分发挥商业性银行短平快的特点，形成了政策性银行与商业性银行互补的局面。

重庆市广阳岛通过 EOD 模式进行生态修复实践创新。2018 年 2 月，重庆市委、市政府提出将广阳岛打造成“长江风景眼、重庆生态岛”，项目建设内容涵盖岸线环境保护与生态修复、城镇环境保护与生态修复和生态价值实现 3 个主要领域，EOD 项目的实施范围为广阳岛 10 km^2 和广阳岛片区长江以南 105 km^2。项目总投资为 386.2 亿元，其中资本金 86.2 亿元、政府专项债 40 亿元、银行贷款 260 亿元，还款来源为项目建成后资产经营收益、配套片区综合开发收益和产业提质升级收益。截至 2021 年 8 月，项目已签订 140 亿元合同，发放 86 亿元资金，实现山体修复约 22 hm^2，宜水清湖约 40 hm^2，山体保护约 320 hm^2。国家开发银行为广阳岛绿色发展示范项目授信承诺 260 亿元，系统解决了整个片区生态修复投入和绿色发展的资金难题。2021 年以来，在前期已发放 71 亿元贷款的基础上，国家开发银行向此项目新增发放贷款 7 亿元，年内还将发放贷款 30 亿元，实现累计到位资金超过 100 亿元，为岛内新一阶段生态修复和下一阶段绿色交通及智慧产业布局提供有力的资金保障。

8.4 小结

8.4.1 存在的问题

社会资本进入生态环境保护领域面临诸多壁垒。在市场准入方面，社会资本在参与环境保护的招标和审查过程中存在门槛过高的问题。在技术壁垒方面，社会资本参与生态环境保护投资主要集中在生态环境基础设施建设领域，由于其技术水平有限，无法大规模参与生态环境保护高技术领域投资，显著影响了投资结构的均衡。在融资壁垒方面，对于社会资本方来说，生态环境保护类 PPP 项目相较于其他项目工程来说收益不高，融资渠道狭窄，融资需要创新。在市场退出壁垒方面，生态环境保护类 PPP 投资规模大、专业技术性强，社会资本方多是以联合的方式参与到项目中，导致各联合体成员退出需求不一致，退出难度较大。

EOD 模式应用难度仍然较大。EOD 模式的行业跨度大，不同行业的专业要求也不同。生态环境治理、修复和生态网络构建需要专业的环保企业来完成，基础设施配套、产业配套及生活配套的建设需要综合能力较强的建筑企业，后期产业导入、物业管理需要综合能力较强的运营商进入，推广难度较大。EOD 模式的产业培育和产业导入需要一定的周期和时间才能显性化，很难在较短的时间内体现，对融资、开发、变现能力要求较高。

环境污染第三方治理市场规范有待完善。第三方环境治理市场存在秩序不良、信息不对称等问题。中小型环境治理企业的技术和环境管理水平参差不齐，部分企业以降低环境治理标准为代价，压低价格抢占市场，扰乱行业秩序。污染企业选取委托合作方时缺乏有效的判断依据，低质低价中标情况屡见不鲜，导致恶性竞争，提高了交易成本，阻碍第三方治理机制的发展。

8.4.2 发展方向

加强生态环境保护类 PPP 项目全生命周期的引导与监管。为确保环境保护类 PPP 项目合理建设与运营，应进一步加强对地方政府的引导，鼓励其他专业的投资运营机构以联合或者独立的方式作为社会资本参与其中。专业的投资运营机构可以为项目的运营提供大量长期限的资金和运营管理经验，有利于保证生态环境保护类 PPP 项目的运营期管理。对项目的全生命周期加强监管，重点监督管理生态环境保护类 PPP 项目在建设期的质量与成本，为后期运营节约资金。在运营阶段，不断完善生态环境保护商品定价，确保地方政府和社会资本获得合理回报。

强化 EOD 模式资金保障。建立多元可持续的投融资模式。原有的生态环境治理与区域开发模式主要依托土地财政和政府举债两种方式，个别项目具备一定的使用者付费、获取收益的经营属性。但是过度依靠土地财政和政府举债，易导致金融风险不断提高，严重影响金融安全。区域开发运营除了具有部分公共服务的属性，还有一定的市场化属性，难以仅仅通过政府或者纯市场化的主体提供，必须打造政府与市场通力合作的渠道和介于政府与市场之间的开发运营商。在投融资模式的构建中须发挥政府与市场两方面主体作用，投融资具体方式包括政府债券、政府投资基金、政府与 PPP、组建国资投资运营公司、开发性金融、环保贷等，可采用多种投融资模式组合推进治理与开发，推动建立多元化可持续的 EOD 投融资机制。

加强环境污染第三方治理市场管理。建立第三方治理市场行为规范，完善第三方运营的市场管理，开展环保服务业信用等级评价，加强行业自律。强化政府和社会化的监督机制，引入黑名单制度，加强环保诚信体系建设，建立绿色信贷、绿色证券、绿色征信系统，优先扶持履行环保社会责任的企业，限制环境违法企业融资。根据监管情况，定期向社会公布环保公司的运营成果，并将偷排漏排、不规范运营及运营设施未达到环保相关要求等信息纳入企业信用等级评价系统和社会公共信用服务平台，与融资、担保和政府支持的相关政策挂钩。对未能达标排放的第三方环保公司给予警告，并限期整改；对未按期整改或恶意偷排的第三方环保公司，将其列入负面清单。

9

环境与贸易政策

由于全球经济的快速发展以及复杂多变的国际政治经济形势，生态环境问题对经济贸易的影响日益凸显。2021 年，我国全面禁止进口固体废物，欧盟碳关税立法议案使我国经济贸易面临新的挑战。

9.1 WTO 框架下环境议题

推动环境可持续塑料贸易，减少全球塑料污染。2021 年 12 月，世界贸易组织、环境和可持续发展相关部长声明发布会以视频方式举行，并发布《塑料污染和环境可持续塑料贸易非正式对话部长声明》，旨在加强减少塑料污染方面的全球努力和国际合作，并就“如何开展贸易合作以减少有害的塑料制品”以及“如何促进可减少塑料污染的货物贸易与服务贸易”开展专题讨论。当前，全球塑料污染治理日益艰巨和紧迫，联合国贸易和发展会议（UNCTAD）发布的研究显示，塑料贸易占全球贸易的 5%，在 2019 年超过 1 万亿美元，几乎比之前估计的高出 40%，且有很多塑料贸易仍未被统计在内。我国于 2019 年起推动塑料污染议题的多边讨论，2020 年在世界贸易组织发起的塑料污染和环境可持续塑料贸易非正式对话倡议。倡议联署方从发起时的 8 个增加到目前的 67 个，包括来自全球不同区域、处于不同发展阶段的成员。近年来，我国政府出台一系列措施，逐步减少、限制、禁止使用一次性塑料制品，持续加大塑料污染防治力度。我国从来没有向其他国家输送过废塑料，废塑料本土处理率达 100%。自 20 世纪 90 年代起，我国开始处理全世界废塑料，仅在 2013—2017 年，我国处置了进口废塑料 3 660 万 t，为全球废塑料污染治理做出了巨大贡献。

全面与进步跨太平洋伙伴关系协定（Comprehensive and Progressive Agreement for Trans-Pacific Partnership，CPTPP）环境规则凸显了新一代自由贸易协定对环境议题的重视。环境章节为 CPTPP 第 20 章，包含正文 23 个条款和 A、B 两个附件，旨在建立高标准的环境章节，提供环境保护的目标和总要求：促进环境与贸易政策之间的相互支持，促进高水平的保护和有效的环境执法，提高缔约国解决与贸易有关的环境议题的能力，通过合作促进可持续发展，缔约国环境法不应构成对贸易或投资的变相限制。该协定规定了多个特定领域的环境保护义务，包括保护臭氧层、保护海洋环境免受船舶污染、保护生物多样性、外来入侵物种、低排放、渔业补贴和海洋渔业捕捞、野生动物贸易等。其中渔业补贴、海洋渔业捕捞、保护海洋环境免受船舶污染和强有力的环境争端解决机制属于现有自由贸易协定中首创性环境保护条款。更为重要的是，CPTPP 强调环境条款内容的可执行性，将环境保护与贸易制裁挂钩。若违反相关义务，成员可依据争端解决条款，对违反义务的一方进行合法制裁（包括中止关税减让等）。

9.2 碳边境调节机制

欧盟计划推出碳边境调节机制。该机制或将成为对全球贸易规则产生深远影响的气候相关措施。2021 年 7 月 14 日，欧盟提出包括建立碳边境调节机制（亦称“碳关税”）在内的“一揽子”环保提案，旨在使产品在销售地的市场价格能够反映其因当地市场碳排放监管而产生成本的制度。简而言之，就是欧盟将对从碳排放限制相对宽松的国家和地区进口的钢铁、水泥、铝和化肥等商品征税，其本质是对在国际贸易中进口的产品征收的一种特别关税，因此被俗称为“碳关税”。欧盟碳关税将于 2023 年 1 月 1 日开始实施，2023—2025 年是实施过渡期，进口产品不需缴纳碳关税，但进口商需每季度提交包括当季进口产品总量、产品直接和间接排放量、在原产国应支付碳价等信息在内的企业报告。2026 年欧盟碳关税将全面开征。欧盟实施碳关税可拉平进口产品与欧盟产品的碳成本，消除进口产品相较欧盟产品的价格优势，削弱碳减排政策宽松的国家和地区的贸易竞争力，有效保护欧盟企业。

碳关税将使我国经济贸易面临新挑战。欧盟将对从碳排放限制相对宽松的国家和地区进口的钢铁、水泥、铝和化肥等商品征税，我国作为上述商品的制造大国，所受影响将十分显著。采用全球贸易分析模型（GTAP）分析显示，欧盟碳关税将直接大大提高我国出口企业成本，削弱其在国际市场上的竞争优势。若征收 30 美元/t 碳关税，将使我国矿物制品业、金属矿业和石化工业出口分别下降 16.1%、13.4%和 11.1%。出口急剧下降的同时，进口缓慢增加，将导致我国的贸易收支平衡减少 1.62 亿美元。GDP 水平和社会福利水平或将分别下降 1.86 亿美元和 7.59 亿美元。

9.3 禁止进口固体废物

全面禁止进口固体废物。自 2021 年 1 月 1 日起，我国全面禁止进口固体废物，禁止我国境外的固体废物入境倾倒、堆放、处置。生态环境部全面停止受理和审批限制进口类可用作原料的固体废物进口许可证的申请。自 2017 年 7 月国务院办公厅印发《禁止洋垃圾入境推进固体废物进口管理制度改革实施方案》以来，生态环境部会同商务部、国家发展改革委、海关总署联合印发《关于调整〈进口废物管理目录〉的公告》《关于调整〈进口废物管理目录〉的公告》，有序减少固体废物进口种类和数量。2019 年 7 月 1 日起，废钢铁、铜废碎料、铝废碎料等 8 个品种固体废物由《非限制进口类可用作原料的固体废物目录》调入《限制进口类可用作原料的固体废物目录》，实施进口审批制度。2019 年 12 月 31 日起，不锈钢废碎料、钛废碎料、木废碎料等 16 个品种固体废物从《限制进口类可用作原料的固体废物目录》《非限制进口类可用作原料的固体废物目录》调入《禁止进口固体废物目录》，禁止进口。经过 3 年多的不懈努力，我国各项改革任务平稳有序推进，固体废物进口种类和数量大幅削减。2018 年、2019 年、2020 年，全国固体废物进口量分别为 2 263 万 t、1 348 万 t 和 718 万 t。

9.4 小结

9.4.1 存在的问题

CPTPP 环境承诺水平对我国环保工作提出了挑战。我国于 2021 年 9 月正式递交了加入 CPTPP 的申请。从环境保护的角度来看，CPTPP 环境章节继续维持了 TPP 环境专章的规定和内容。CPTPP 环境章节以“大环境”概念为基础，涉及诸多与贸易密切相关的环境领域，涉及生态环境部、商务部、自然资源部、农业农村部、公安部、国家气象局和财政部等多部门职能。同时，在信息公开、公众参与、正当程序下，我国现有的环境管理和监督仍面临一定的挑战。

现有低碳政策不足以应对欧盟碳关税对我国经济贸易的冲击。一是碳排放权交易市场是控制二氧化碳排放的政策措施之一，实施碳排放权交易制度有利于提高碳排放效率以应对碳关税的影响。我国现行的碳排放权交易价格偏低，覆盖行业窄，市场流动性不强，无法发挥碳排放权交易制度促进节能减排的作用，亟须完善推进碳排放权交易市场建设。二是碳税作为碳排放权交易机制的补充，可促进碳减排目标的实现，有利于提高我国对碳关税的适应性。然而我国 2016 年开征的环境保护税中未将碳税纳入，我国缺乏在调控范围和定价机制与碳排放权交易制度相协调的二氧化碳税。

9.4.2 发展方向

规避碳关税对我国经济产业和国际贸易的影响。征收碳关税将直接影响我国产业发展及对外贸易，并对居民就业、劳动报酬以及福利造成负面效应。为规避风险，降低影响，我国应在“十四五”实现“碳达峰”这一关键期做好四项工作。一是大力推动低碳产业发展，从根本上改变以重化工为主的产业结构、以煤为主的能源结构和以公路货运为主的运输结构，以降低出口隐含碳系数，缓解碳关税对出口贸易的负面影响。二是稳步推进并发挥碳排放权交易市场机制作用，实施碳排放权交易制度。三是加快研究开征碳税，同碳排放权交易机制在调控范围和价格支撑上相互配合，共同促进碳减排目标的实现，提高对碳关税的适应性。四是积极参与和领导全球气候治理进程，积极建设性参与环境贸易和气候变化国际谈判。

加强国内配套政策与机制能力建设。CPTPP 和其他一些自由贸易协定中对环境公约规定义务的履行进行了专门的阐释，对争端解决机制也予以特别关注。未来我国参与的 CPTPP 的环境规则也必须建立和完善环境保护的配套机制，同时加强与国内相关法律法规机制的衔接和统一。一是梳理 MEAs 中关于成员义务履行的程序规则，可以在我国未来参与的自由贸易协定中建立环境合作委员会，理顺环境保护与成员之间的沟通合作机制。二是建立公众参与机制。CPTPP 环境规则中对公众参与环境保护进行了较为详细的规定，未来环境事项中对公众参与机会、公众意见和参与程序都会有较为严格的要求。三是设立完善的环境争端解决机制。借鉴 CPTPP 中的争端解决机制，为环境保护提供更具约束力的规则，同时为环境保护中产生的冲突提供基本的解决路径，建立和完善环境保护的执行与实施机制。

10 环境资源价值核算政策

环境资源价值核算政策是生态文明体制改革的重要基础性制度建设。2021 年我国多地积极探索生态产品价值实现路径，推进自然资源资产负债表编制，生态环境资产核算工作取得新突破，环境损害赔偿制度进一步健全，推动了环境资源价值核算研究探索不断深入。

10.1 生态产品价值形成机制试点

推进建立健全生态产品价值实现机制。2021 年 4 月，中共中央办公厅、国务院办公厅印发《关于建立健全生态产品价值实现机制的意见》，提出培育经济高质量发展新动力、塑造城乡区域协调发展新格局、引领保护修复生态环境新风尚、打造人与自然和谐共生新方案的战略取向，建立健全生态产品调查监测机制、价值评价机制、经营开发机制、保护补偿机制、价值实现保障机制、价值实现推进机制等，加快完善政府主导、企业和社会各界参与、市场化运作、可持续的生态产品价值实现路径。

浙江省积极探索生态产品价值实现路径。浙江省丽水市云和县发布全市首个康养指数（Health Preservation Index，HPI），同时上线康养指数平台，这一指数是建立在环境空气质量健康指数基础上，反映生态要素与人体健康养生适宜程度的综合性指标。云和县此次发布的康养指数，是对环境空气质量健康指数的创新应用。在环境空气质量健康指数的基础上，将生态环境状况指数、度假气候指数、人体舒适度指数、负氧离子、水质等指标量化。根据 HPI 大小，划分为一级（绿色）、二级（蓝色）、三级（橙色）、四级（红色）共 4 个级别，针对不同级别，向公众提供不同的康养建议。康养指数的提出将加快生态气候价值转化，进一步推动生态产品价值实现机制的相关探索，在指引游客出行、规范民宿和景区收费、推进康养产业产学研一体化发展、引导康养金融产品开发等方面提供重要参考。

重庆市推进“碳中和”生态产品价值实现机制。2021 年 6 月，重庆市生态环境局印发《重庆市“碳惠通”生态产品价值实现平台管理暂行办法（征求意见稿）》（渝环〔2021〕111 号），助推“碳汇通”实现生态产品价值变现，通过“碳履约”“碳中和”“碳普惠”新模式，为社会、企业、机构和个人提供多元化碳减排方式。重庆市生态产品价值实现机制试点工作取得了阶段性成果，完成单株、成片林等林业碳汇方法学的开发，其他减排项目方法学在持续开发中；完成万州区 3 个村的林业碳汇生态产品开发和核证工作；在重庆召开的应对气候变化工作会、培训会主办方均购买了林业碳汇产品，实现了会议“碳中和”；5 家社会责任意识强的企业主动购买了林业碳汇产品，实现了企业年度“碳中和”。

10.2 自然资源资产负债表

多地积极推进自然资源资产负债表编制。2021 年 3 月，河北省邯郸市印发《邯郸市自然资源资产负债表编制工作方案（试行）》，安排部署编制市级自然资源资产负债表工作。这是邯郸市首次编制市级自然资源资产负债表，计划完成 2018 年和 2019 年的编表工作。海南省出台《海南省各级党委、政府及有关部门生态环境保护工作职责》，编制省级和市县自然资源资产负债表，严格开展自然资源资产离任审计。2021 年 11 月，海南省琼海市统计局为做好 2020 年度自然资源负债表编制工作，对《琼海市自然资源资产负债表编制制度（试行）》进行了修订，并就 2020 年度自然资源负债表编制工作进行部署。甘肃省祁连山国家级自然保护区编制自然资源资产负债表，编印《甘肃祁连山地区自然资源资产负债表编制结果（三市及辖区内全部县）》和《甘肃祁连山地区自然资源资产负债表编制结果（三市及辖区内八县）》。

10.3 生态环境资产核算试点

国家积极推进地方探索生态环境资产核算工作。2021 年 6 月，中共中央、国务院印发《关于支持浙江高质量发展建设共同富裕示范区的意见》，明确拓宽“绿水青山就是金山银山”转化通道，建立健全生态产品价值实现机制，探索完善具有浙江特点的生态系统生产总值（GEP）核算应用体系，全面推进生产生活方式绿色转型。

山东省探索构建 GEP 核算评价体系。2021 年 8 月，山东省生态环境厅印发《山东省生态环境厅关于加强生态保护监管工作的实施意见》（鲁环字〔2021〕192 号），明确提出开展生态系统保护成效评估，探索构建 GEP 核算、评价体系，将 GEP 作为衡量区域生态保护成效的重要指标。

2021 年 7 月，南京市发布《生态系统生产总值（GEP）核算技术规范》，该规范由南京市生态环境局与南京大学、中国计量大学集成智慧、整合力量，围绕生态产品价值核算、产权赋能、入市交易、资源活化等领域编制而成。这一标准明确了 GEP 指标选取、数据来源和核算方法，将进一步规范生态产品价值核算活动，为把生态优势更加精准地转化为经济优势、打造南京绿色发展新品牌提供重要依据。南京市高淳区积极探索创新，率先制定发布全国首个县域 GEP 核算标准体系，出台江苏省首个 GEP 专项考核意见，构建形成了包括一套核算指标、一项核算标准、一套核算表格、一个考核办法、一批应用场景在内的“五个一”体系，在推进解决生态产品难度量、难交易、难考核、难抵押、难变现等方面取得积极进展。

深圳市发布 2020 年 GEP 核算结果。深圳市是我国首个制定 GEP 核算制度并实施的城市。2021 年 3 月，深圳市正式发布全国首个 GEP 核算制度体系。2021 年 9 月，《深圳经济特区生态环境保护条例》（深圳市第七届人民代表大会常务委员会公告　第九号）正式实施，包括 GEP 核算体系在内的一系列生态环境制度改革，均被纳入该条例之中。2021 年 10 月，《深圳市 2020 年度生态系统生产总值（GEP）核算报告》正式发布。深圳市 2020 年度 GEP 为 1 303.82 亿元。其中物质产品价值 23.55 亿元，调节服务价值 699.52 亿元，文化旅游服务价值 580.75 亿元，占比分别为 1.8%、53.7%和 44.5%。调节服务和文化旅游服务是深圳市生态系统提供的主要服务功能，全市单位面积 GEP 为 0.65 亿元/km^2。具体来看，深圳市生态系统服务价值占比最大的是调节气候价值（488.24 亿元），约占 GEP 的 37.4%。

江西省抚州市发布 GEP 核算地方标准。由抚州市市场监督管理局制定的《生态系统生产总值核算技术规范》（DB36/T 1402—2021）获批正式发布，该规范规定了 GEP 的核算步骤，生态产品功能量核算方法、定价方法和价值量核算方法等要求。该规范的实施，将为江西省 GEP 的测算和评估提供技术支撑，为打通绿水青山向金山银山转化新路径、为江西省生态价值实现提供可借鉴、可复制、可推广的方法和模式。

探索开展国民经济“第四产业”研究。随着生态产品供给和价值实现形成的新产业、新业态、新模式不断涌现，与传统三次产业有着本质区别的生态产品第四产业的形成条件已基本成熟。2021 年王金南院士带领的生态环境部环境规划院科研团队研究提出了生态产品第四产业的概念及内涵特征，初步分析了生态产品第四产业的形成机制和构成要素，梳理了生态产品第四产业形态，设计了衡量生态产品第四产业核算与发展指标体系，并从供给、消费、交易和利益分配等维度提出了促进生态产品第四产业的政策保障。研究表明，在产业规模上，2019 年我国生态产品第四产业总产值为 92 万亿元，5 年平均增速为 6.9%，与同期 GDP 增速基本一致。在产业结构上，2019 年我国生态产品供给服务（EPV）、调节服务（ERV）和文化服务（ECV）结构比值为 18∶65∶17，与 2015 年相比，供给服务和文化服务作为初级生态产品的占比增加了 5 个百分点，生态产品市场化程度有所增加。从生态系统角度来看，湿地和森林生态系统是生态产品的最大供给者，分别贡献了总产值的 55%和 11%。在产品价值实现程度上，绿金指数为 0.96，生态产品初级生产率呈上升趋势。在产业关联上，生态产品第四产业地理空间集聚程度呈增加趋势，且空间分布不均衡，呈现人均 GEP 西部地区相对较高，而单位面积 GEP 东部地区相对较高的空间特征。

10.4 环境损害赔偿

生态环境损害赔偿制度建设不断深化。2021 年 5 月，国务院办公厅印发《强化危险废物监管和利用处置能力改革实施方案》（国办函〔2021〕47 号），提出严厉打击非法排放、倾倒、收集、贮存、转移、利用、处置危险废物等环境违法犯罪行为，实施生态环境损害赔偿制度，强化行政执法与刑事司法、检察公益诉讼的协调联动。2021 年 9 月，中共中央办公厅、国务院办公厅印发《关于深化生态保护补偿制度改革的意见》，明确建立占用补偿、损害赔偿与保护补偿协同推进的生态环境保护机制。2021 年 10 月，中共中央办公厅、国务院办公厅印发《关于进一步加强生物多样性保护的意见》，提出完善生态环境损害赔偿制度，健全生物多样性损害鉴定评估方法和工作机制，完善打击野生动植物非法贸易制度。2021 年 11 月，生态环境部印发《关于深化生态环境领域依法行政　持续强化依法治污的指导意见》（环法规〔2021〕107 号），提出组织开展生态环境损害赔偿立法研究，健全生态环境损害赔偿磋商、司法确认与诉讼衔接机制，完善生态环境损害鉴定评估技术方法体系，发布生态环境损害赔偿典型案例。

强化对地方环境损害赔偿制度改革的指导与支持。2021 年 12 月，生态环境部办公厅印发《第二批生态环境损害赔偿磋商十大典型案例》（环办法规函〔2021〕606 号），经过案例征集、形式审查、专家评审、综合评定，在全国试行开展生态环境损害赔偿制度改革工作中提取典型案例，"宁夏回族自治区中卫市某公司污染腾格里沙漠生态环境损害赔偿案""重庆市南川区某公司赤泥浆输送管道泄漏污染凤咀江生态环境损害赔偿案"等 10 起案件入选。案件覆盖地表水、土壤、地下水、环境空气等环境要素，反映近几年来生态环境损害赔偿制度改革工作的成果，为探索生态环境损害赔偿体制机制提供了较好的实践借鉴。

地方积极推动环境损害赔偿制度实施。2021 年 7 月，深圳市生态环境局、中国银行保险监督管理委员会深圳监管局印发《深圳市环境污染强制责任保险实施办法》，明确保险的责任除了第三者人身、财产保险责任，还将突发性或累积性污染环境造成生态环境损害赔偿扩大至保障范围。重庆市九龙坡区生态环境局通过持续完善应急物资"政府统筹、立体储备、快速反应、联合支援”模式，推动构建“2+15+N”立体应急物资保障体系，全面落实突发环境事件应急阶段损害评估、生态损害赔偿等制度。浙江省绍兴市全面打造源头减量—全量收运—规范利用的链条式危险废物精细化管理模式，每年组织乡镇、园区和重点企业人员开展固体废物知识培训和警示教育，深入推进涉固体废物案件环境损害磋商赔偿和公益诉讼工作，探索推广环境污染强制责任保险。

10.5 小结

10.5.1 存在的问题

生态产品价值实现内生动力不足。以市场为主导的生态产品价值实现的投资回报周期长，回报率较低，内生动力不足。尚未形成激励地方政府和市场主体自主保护生态环境的内生机制，实现生态产品价值面临产权界定不清晰、估价及核算体系不完善、生态修复动力不足的问题。碳排放权交易、排污权交易、用能权交易等目前都是以政府牵头为主，市场化、透明化程度有待提高。生态资产的市场化运作在各地交易市场主要是由各地政府基于当地具体情况制定相关政策，但地区之间交易政策、衡量标准、监督主体等方面差异大，交易成本高，阻碍了交易资源在更大范围内优化配置。

生态系统核算缺乏常态化实施支撑能力。遥感技术能够为国家等大尺度区域的 GEP 核算提供数据支持，但尚未系统积累中小尺度的生态系统监测数据，现有的监测数据采集频度普遍较低、时间序列较为分散。当前地方开展的 GEP 核算缺乏常态化实施支撑能力，难以体现该区域在一定时间段的生态系统变化。

环境损害赔偿责任亟待法制化。目前，生态环境损害责任认定与赔偿还缺乏系统、规范、统一的法律规定，环境民事、刑事和行政责任缺乏有效衔接。虽然法律规定了民事赔偿优先原则，但实践中大多数案件进入民事诉讼程序之前已经完成行政处罚或者刑事审判，导致企业没有能力进行环境修复或民事赔偿。

10.5.2 发展方向

积极开发生态产品。依托贫困地区资源禀赋和发展条件，因地制宜开发优质生态产品，充分挖掘贫困地区农业生态、林下经济、旅游观光、文化教育等多种产业功能，整合“红、绿、古”资源，建设一批农旅结合、林旅结合的山水田园综合体。优化利益联结机制，创新生态产业经营模式，将龙头企业、合作组织与贫困户的利益“捆绑”，探索“资金跟着穷人走，穷人跟着能人走，能人聚焦生态走”的生态产业精准扶贫新路子。解决好领路人问题，“帮钱帮物，不如帮助建个好支部”，抓好农村基层党组织建设，促进脱贫攻坚。

探索推进生态配额交易。根据生态环境承载容量，适度提高贫困地区生态配额权初始分配，发挥市场机制在生态产品配置中的作用，探索培育区域之间、企业之间的用能权、用水权、碳排放权、排污权等市场交易体系，提高生态产品价值的市场化实现程度。

健全生态产品价值核算的支撑能力。为了对生态系统产品和服务进行科学评估核算、及时跟踪，下一步需加强监测网络的建设，为 GEP 核算提供完整基础数据。根据各区域发展的主体功能，对各区域的生态系统产品和服务进行分区监测、评估和预警。加强对重点区域生态系统服务功能的保育，严密监测生态功能变化的区域差异性。

明确损害赔偿范围，优化损害评估机制。扩大生态环境类案件的赔偿范围，将生态环境修复期间的功能性损失和对生态环境造成的永久性伤害损失等纳入其中，并通过立法予以明确。优化生态环境损害赔偿机制，制定统一的生态环境损害评估规范和技术体系，提高评估机构和人员的准入门槛，细化完善生态损害评估监管制度。根据生态环境损害评估规范，制定统一、严格、阶梯状的生态环境损害赔偿标准，并适度提高赔偿标准的限额。

11 行业环境经济政策

国家越来越强调分行业精细化管理，逐步加大行业环境政策的研究制定和实施力度，从名录式、清单式行业环境管理应用工具，到推进重点行业水效、能效、环保“领跑者”制度实践，到绿色供应链，再到环境信批强制性披露及信用体系建设，从国家到地方都形成了一系列的政策探索及制度落地，积极推进了工业行业的环境差别管理、市场手段高效应用、监督监管精准施策等，有效强化了工业行业的节能减排、污染治理水平。

11.1 环境保护综合名录及生态环保相关清单

2021 年 11 月，生态环境部印发《环境保护综合名录（2021 年版）》（环办综合函〔2021〕495 号）（以下简称《名录（2021 年版）》）。《名录（2021 年版）》包含“高污染、高环境风险”产品（以下简称“双高”产品）名录和环境保护重点设备名录，其中有 932 项“双高”产品，159 项产品除外工艺，79 项环境保护重点设备。932 项“双高”产品中，具有“高污染”特性产品 326 项，具有“高环境风险”特性产品 223 项，具有“高污染”和“高环境风险”双重特性产品 383 项。《名录（2021 年版）》与《环境保护综合名录（2017 年版）》相比，新增阳离子淀粉、氟化氢等 47 项“双高”产品，丁二酸的清洁电化学法工艺等 35 项“双高”产品、除外工艺和土壤淋洗设备等 7 项土壤污染防治设备。

生态环境部、商务部、海关总署修订发布了《中国进出口受控消耗臭氧层物质名录》(生态环境部、商务部、海关总署公告　2021 年　第 50 号）发布。该名录是在已公布的 6 批名录的基础上，基于我国当前 ODS 进出口管理的实际和《基加利修正案》管控的物质纳入。此次修订主要包括以下两方面内容，一是增列包括 R410A、R407C、R404A 等 19 个 HFCs 及其混合物的商品编码，二是完善 ODS 及其混合物的商品编码。经过调整整合，《中国进出口受控消耗臭氧层物质名录》中共有 49 个 ODS 及其混合物的商品编码，覆盖了《关于消耗臭氧层物质的蒙特利尔议定书》所有管控的 ODS。

2020 年 11 月，生态环境部、国家发展改革委、公安部、交通运输部和国家卫生健康委修订发布了《国家危险废物名录（2021 年版）》（生态环境部、国家发展改革委、公安部、交通运输部和国家卫生健康委　部令　第 15 号）发布。该名录自 1998 年首次发布实施以来，历经 2008 年和 2016 年 2 次修订，逐步完善。此次修订是为落实新修订的《中华人民共和国固体废物污染环境防治法》关于国家危险废物名录应当动态修订等规定。经过修订调整，《国家危险废物名录（2021 年版）》共计列入 467 种危险废物，较 2016 年版《国家危险废物名录》减少了 12 种，并新增豁免 16 个种类危险废物，豁免的危险废物共计达到 32 个种类。

2021 年 8 月，工业和信息化部办公厅发布《石化化工行业鼓励推广应用的技术和产品目录（第一批）》（工信厅原函〔2021〕137 号）。此目录共推荐了包括应精馏成套技术、新型微通道反应器装备及连续流工艺技术、高纯/超高纯化学品精馏关键技术等 32 类技术和产品，适用于石油炼制、石化、化工、精细化工、煤化工、轮胎、生物化工、橡胶、化肥、石化装备、化工新材料、无机盐等诸多领域。

为加快推广应用先进适用节水工艺、技术和装备，提升工业用水效率，工业和信息化部、水利部编制了《国家鼓励的工业节水工艺、技术和装备目录（2021 年）》（中华人民共和国工业和信息化部　中华人民共和国水利部公告　2021 年　第 35 号）。共涉及共性通用技术、钢铁行业及石化化工行业等 14 大行业 152 个技术，包括循环水处理技术、循环水冷却及回收利用技术、高盐废水处理技术等类别。

11.2 环境信息依法披露

构建形成环境信息依法披露制度框架。2021 年，环境信息依法披露工作取得突破性进展，我国陆续印发《环境信息依法披露制度改革方案》（环综合〔2021〕43 号）、《企业环境信息依法披露管理办法》（生态环境部令　第 24 号）和《企业环境信息依法披露格式准则》（环办综合〔2021〕32 号）3 个文件，文件分别从制度总体设计、披露主要内容和披露的规范格式做了规定，成功搭建环境信息依法披露制度框架。今后，环境信息依法披露制度将在 3 个方面继续深化：一是联合相关部门加强协同管理机制，形成推动环境信息披露工作的合力；二是推进信息化建设，加快企业环境信息依法披露系统建设，健全信息共享机制；三是做好宣贯培训工作，截至 2021 年 12 月 3 日，已针对全国 31 个省（市、区）和新疆生产建设兵团生态环境部门、发展改革委、银保监会、证监局、人民检察院等相关部门、部分地市生态环境部门、电力、化工、钢铁、建材等相关行业企业等近 600 名同志参加培训。

金融机构环境信息披露有规可循。2021 年 7 月，中国人民银行正式发布《金融机构环境信息披露指南》(JR/T 0227—2021)(以下简称《指南》)、《环境权益融资工具》(JR/T 0228—2021)(以下简称《工具》)，标志着环境信息披露领域有了新的拓展。两项行业标准均由全国金融标准化技术委员会归口管理。《指南》提供了金融机构在环境信息披露过程中遵循的原则、披露的形式、内容要素以及各要素的原则要求，旨在规范金融机构环境信息披露工作。《工具》则明确了环境权益融资工具的分类、实施主体、融资标的、价值评估、风险控制等总体要求。两项标准的出台有利于拓宽企业绿色低碳融资渠道，引导和规范金融机构环境信息披露工作、创设和推广环境权益融资产品，助力金融资源向绿色低碳发展领域倾斜。

环境信息依法披露协同管理机制不断加强。生态环境部充分发挥统筹协调作用，与相关部委和单位加强协同联动，建立运作有效的协同管理机制，形成推动环境信息披露工作的合力。2021 年 12 月，工业和信息化部发布的《“十四五”工业绿色发展规划》(工信部规〔2021〕178 号）提出，将环境信息强制性披露纳入绿色制造评价体系，鼓励绿色制造企业编制绿色低碳发展年度报告。今后，国家发展改革委、国务院国有资产监督管理委员会、银保监会等部门将在环境信息依法披露领域中加强协同联动，形成有效的工作推力。

11.3 节能环保“领跑者”

高度重视环保、能效、水效“领跑者”政策制定与落实。2021 年，国家积极推进环保、能效、水效等领域的“领跑者”制度建设与实施，从顶层设计部署相关制度，强化环保、节能、节水提效“领跑”技术的驱动力，以需求为导向，聚焦重点制度、重点机构、重点行业、重点产品、重点设备、重点工序，进一步加大“领跑者”制度的应用领域和关键作用；以应用为导向，进一步加大先进机构、节能节水提效工艺技术装备遴选和推广力度，打造重点用能用水机构和行业能效、水效“领跑者”，以标杆示范引导全社会、全行业节能节水、提质增效（表 11-1）。

表 11-1　国家相关政策文件中对“领跑者”制度的要求

序号	文件来源	主要内容
1	《中华人民共和国国民经济和社会发展第十四个五年规划和 2035 年远景目标纲要》	推进固定资产投资项目节能审查、节能监察、重点用能单位管理制度改革。完善能效、水效“领跑者”制度。强化高耗水行业用水定额管理
2	《国家标准化发展纲要》	深化标准化运行机制创新。建立标准创新型企业制度和标准融资增信制度，鼓励企业构建技术、专利、标准联动创新体系，支持领军企业联合科研机构、中小企业等建立标准合作机制，实施企业标准“领跑者”制度
3	《“十四五”工业绿色发展规划》	培育行业标杆。遴选发布一批符合行业规范条件的再生资源回收利用企业名单，建设 50 个工业资源综合利用基地，培育一批工业资源综合利用“领跑者”企业。推进电器电子、汽车等产品生产者责任延伸试点，强化示范引领。 开展节水评价。加强工业节水标准制（修）订，开展水效对标达标，树立工业节水典范。到 2025 年，在钢铁、炼化、煤化工、造纸、食品、纺织印染等高耗水行业，遴选 50 家水效“领跑者”企业，创建节水标杆

序号	文件来源	主要内容
4	《"十四五"节水型社会建设规划》	推广节水型机关建设先进经验、模式和节约用水行为规范。在用水产品、用水行业、大中型灌区和公共机构开展水效"领跑者"引领行动，发布水效"领跑者"名单，树立节水先进标杆。 推进工业节水减污。重点围绕火电、钢铁、石化化工、有色、造纸、印染、食品等行业，创建一批工业废水资源化利用示范企业。到 2025 年，遴选火电、钢铁、石化化工、有色、造纸、印染、食品等行业水效"领跑者"50 家
5	《建设高标准市场体系行动方案》	优化企业标准"领跑者"制度。推动第三方评价机构发布一批企业标准排行榜，引导更多企业声明公开更高质量的标准。修订企业标准化管理办法，整合精简强制性标准
6	《黄河流域水资源节约集约利用实施方案》	开展节水改造。引导企业水效对标达标，开展节水改造，提升用水效率。在钢铁、石化化工、建材、有色等行业开展重点用水企业水效"领跑者"引领行动。推广应用高效冷却、无水清洗、循环用水、废水资源化利用等技术工艺，提高用水重复利用率
7	《中共中央　国务院关于全面推进乡村振兴加快农业农村现代化的意见》	构建现代乡村产业体系。依托乡村特色优势资源，打造农业全产业链，把产业链主体留在县城，让农民更多分享产业增值收益。加快健全现代农业全产业链标准体系，推动新型农业经营主体按标生产，培育农业龙头企业标准"领跑者"
8	《中共中央　国务院关于完整准确全面贯彻新发展理念做好碳达峰碳中和工作的意见》	大幅提升能源利用效率。把节能贯穿于经济社会发展全过程和各领域，持续深化工业、建筑、交通运输、公共机构等重点领域节能，提升数据中心、新型通信等信息化基础设施能效水平。健全能源管理体系，强化重点用能单位节能管理和目标责任。瞄准国际先进水平，加快实施节能降碳改造升级，打造能效"领跑者"
9	《工业和信息化部办公厅关于组织开展 2021 年工业节能诊断服务工作的通知》	加强组织协调。各级工业和信息化主管部门要加强工作统筹，强化节能诊断服务与节能服务进企业、节能技术装备推广、节能监察、能效对标达标、能效"领跑者"遴选、绿色工厂创建等工作的协同配合，形成工作合力。鼓励各地围绕节能诊断服务及后续改造项目，安排配套支持政策和补助经费

序号	文件来源	主要内容
10	《关于严格能效约束推动重点领域节能降碳的若干意见》	充分利用政府部门、行业协会、新闻媒体等渠道，加强政策解读和舆论引导，积极回应社会关切和热点问题，传递以能效水平引领重点领域节能降碳的坚定决心。遴选重点行业能效水平突出企业，发布能效“领跑者”名单，形成一批可借鉴、可复制、可推广的经验，及时进行宣传推介。传播普及绿色生产、低碳环保理念，营造全社会共同推动重点行业节能降碳的良好氛围
11	《关于印发工业废水循环利用实施方案的通知》	突出标准引领，推进重点行业水效对标达标。加快制（修）订工业废水循环利用技术、管理、评价等标准。加强相关标准宣贯，发布“领跑者”名单和先进用水指标，编制典型案例，引导企业对标达标

推进高耗能行业重点领域能效“领跑”标杆建设。国家发展改革委、工业和信息化部、生态环境部、国家市场监督管理总局和国家能源局联合印发了《关于发布〈高耗能行业重点领域能效标杆水平和基准水平（2021 年版）〉的通知》（发改产业〔2021〕1609 号），该通知科学界定了钢铁、建材、有色、石化、化工五大行业相关重点领域能效标杆水平和基准水平。该通知明确，要稳妥有序推动节能降碳技术改造，切实避免“一刀切”管理和“运动式”减碳，确保产业链、供应链稳定和经济社会平稳运行。该通知对标国内外生产企业先进能效水平，参考国家现行单位产品能耗限额标准的先进值和准入值、限定值，根据行业实际、发展预期、生产装置整体能效水平等科学划定各行业重点领域能效“领跑”标杆水平和基准水平，指导各地科学有序做好高耗能行业节能降碳技术改造，有效遏制“两高”项目盲目发展。

推进开展 2021 年度重点用能行业能效“领跑者”遴选工作。为了加快提升工业能源利用效率，助力实现“碳达峰、碳中和”目标，工业和信息化部、国家市场监督管理总局联合印发了《关于组织开展 2021

年度重点用能行业能效“领跑者”遴选工作的通知》（工信厅联节函〔2021〕268 号），针对钢铁、焦化、铁合金、电解铝、铜冶炼、铅冶炼、锌冶炼、镁冶炼、水泥、平板玻璃、原油加工、乙烯、煤制烯烃、合成氨、甲醇、电石、烧碱、纯碱、对二甲苯、精对苯二甲酸 20 个行业开展能效“领跑者”遴选工作。经企业申报、省级工业和信息化主管部门、市场监管部门推荐、专家评审，遴选出了 2021 年度重点用能行业能效“领跑者”企业名单（表 11-2）。

表 11-2　2021 年重点用能行业能效“领跑者”企业公示名单

钢铁行业		
序号	企业	单位产品工序能耗/（kgce/t）
烧结工序		
1	宝钢湛江钢铁有限公司	42.88
2	江苏沙钢集团有限公司	43.00
转炉工序		
3	南京钢铁股份有限公司	−32.44
4	唐山东海钢铁集团有限公司	−30.32
焦化行业		
序号	企业	单位产品综合能耗/（kgce/t）
1	河北中煤旭阳能源有限公司	96.72
2	山东荣信集团有限公司	98.02
3	河南中鸿集团煤化有限公司	100.80
4	江苏沙钢集团有限公司	101.10
5	铜陵泰富特种材料有限公司	103.88
6	山西光大焦化气源有限公司	104.70

铜冶炼行业		
序号	企业	单位产品能耗/（kgce/t）
铜冶炼工艺（铜精矿—阴极铜）［铜精矿冶炼工艺］		
1	云南铜业股份有限公司 西南铜业分公司	215.37

铅冶炼行业		
序号	企业	单位产品能耗/（kgce/t）
铅冶炼		
1	江西铜业铅锌金属有限公司	320.03
粗铅		
2	云南驰宏锌锗股份有限公司会泽冶炼分公司	226.07
再生铅		
3	江苏新春兴再生资源有限责任公司	98.31

锌冶炼行业		
序号	企业	单位产品能耗/（kgce/t）
湿法炼锌工艺［电锌锌锭（有浸出渣火法处理工艺）（精矿—电锌锌锭）］		
1	湖南株冶有色金属有限公司	893.61
2	江西铜业铅锌金属有限公司	1 011.35

水泥行业		
序号	企业	可比熟料综合能耗/（kgce/t）
1	华新水泥（河南信阳）有限公司	87.95
2	华新水泥（株洲）有限公司	89.66
3	河南孟电集团水泥有限公司	92.50
4	山东东华水泥有限公司	92.60
5	文山海螺水泥有限责任公司	92.84
6	辉县市山水水泥有限公司	92.94

水泥行业		
序号	企业	可比熟料综合能耗/（kgce/t）
7	晋城山水合聚水泥有限公司	93.22
8	凤庆县习谦水泥有限责任公司	93.32
9	唐县冀东水泥有限责任公司	93.81

原油加工行业		
序号	企业	单位产品能耗/（kgoe/t*因数）
1	中国石化青岛炼油化工有限责任公司	6.49
2	中国石油化工股份有限公司广州分公司	6.91

乙烯行业		
序号	企业	单位产品能耗/（kgoe/t）
1	中国石油天然气股份有限公司独山子石化分公司	578.91
2	中国石油化工股份有限公司镇海炼化分公司	579.58

合成氨行业		
序号	企业	单位产品能耗/（kgce/t）
以优质无烟块煤为原料		
1	河南心连心化学工业集团股份有限公司	1 071
2	安徽昊源化工集团有限公司	1 089.29
以非优质无烟块煤、型煤为原料		
3	湖北三宁化工股份有限公司	1 179.94
以粉煤（包含无烟粉煤、烟煤）为原料		
4	河南心连心化学工业集团股份有限公司	1 192
5	陕西陕化煤化工集团有限公司	1 193.23
6	灵谷化工集团有限公司	1 322.81

甲醇行业		
序号	企业	单位产品能耗/（kgce/t）
煤制甲醇（以烟煤为原料）		
1	安徽华谊化工有限公司	1 316
2	安徽晋煤中能化工股份有限公司	1 335
3	安徽昊源化工集团有限公司	1 338.71
焦炉气制甲醇		
4	山西光大焦化气源有限公司	1 133.75
天然气制甲醇		
5	中海石油建滔化工有限公司	1 134.21
电石行业		
序号	企业	单位产品能耗/（kgce/t）
1	乌海中联化工有限公司	804.5
2	新疆中泰矿冶有限公司	805.0
烧碱行业		
序号	企业	单位产品能耗/（kgce/t）
离子膜法液碱≥30%		
1	青岛海湾化学有限公司	288.71
2	新疆中泰化学阜康能源有限公司	289.18
3	滨化集团股份有限公司	289.40
4	浙江镇洋发展股份有限公司	290.403
5	万华化学（宁波）氯碱有限公司	290.48
纯碱行业		
序号	企业	单位产品能耗/（kgce/t）
轻质纯碱（氨碱法）		
1	唐山三友化工股份有限公司	292.15
2	山东海化股份有限公司纯碱厂	313.00

纯碱行业		
序号	企业	单位产品能耗/（kgce/t）
轻质纯碱（联碱法）		
3	中盐安徽红四方股份有限公司	151.98
重质纯碱（氨碱法）		
4	唐山三友化工股份有限公司	319.98

对二甲苯行业		
序号	企业	单位产品能耗/（kgoe/t）
1	中国石化海南炼油化工有限公司	309.76

聚焦实现“碳达峰、碳中和”目标，推动光伏“领跑者”项目。工业和信息化部、住房和城乡建设部、交通运输部、农业农村部、国家能源局、国家乡村振兴局联合推动光伏产业高质量发展，鼓励智能光伏产业技术进步和扩大应用，加快构建清洁低碳、安全高效能源体系，按照《智能光伏产业发展行动计划（2018—2020 年）》（工信部联电子〔2018〕68 号）工作部署，组织开展了第二批智能光伏试点示范工作。第二批智能光伏试点工作优先考虑国家新型工业化产业示范基地、光伏“领跑者”基地所在地的企业和项目、光伏储能应用项目、建筑光伏一体化应用项目（BIPV）。加大对示范企业、示范项目的宣传推介力度，提升试点示范影响力，扩大示范带动效应。组织对示范企业、项目开展评估考核，并对智能光伏试点示范名单进行动态调整。鼓励各级政府部门和社会各界加大对试点示范工作的支持力度，从政策、标准、项目、资源配套等多方面支持示范企业做大做强，支持示范项目建设和推广应用。

开展公共机构水效“领跑者”评选与发布。为贯彻落实《国家发展改革委、水利部关于印发〈国家节水行动方案〉的通知》（发改环资规〔2019〕695 号），根据《关于印发〈公共机构水效领跑者引领行动实施方案〉的通知》（国管节能〔2020〕94 号）要求，国家机关事务管理局、国家发展改革委、水利部组织各地区、各部门开展了公共机构水效“领跑者”引领行动。经组织推荐、集中评审和公示，确定北京建筑大学（大兴校区）等 168 家单位为公共机构水效“领跑者”，国家机关事务管理局、国家发展改革委、水利部联合印发了《关于发布公共机构水效领跑者（2021—2023 年）名单的通知》（国管节能〔2021〕314 号）。在开展公共机构水效“领跑者”引领行动工作中，各地区、各部门高度重视，加强协同配合，严格审核把关，确保工作质量。168 家公共机构水效“领跑者”持续提升用水效率，做到了“节水制度齐全、节水管理严格、节水指标先进”，体现了公共机构节水工作的先进水平：一是全员节水意识较强，严格遵守国家法律法规和地方相关节水政策标准，积极组织开展节水宣传主题活动和讲座培训，普及节水知识，营造了节水的良好风尚；二是整体用水效率较高，人均用水量低于本地区同类型单位平均值，节水器具普及率达到 90%以上（其中北方地区达到 100%）、水计量率达到 100%，用水漏失控制效果好；三是节水监督管理严格，节水规章制度健全完备，计量统计台账清晰准确，用水设施设备较好维护；四是创新机制应用较好，有效利用雨水、再生水等非常规水源，积极应用合同节水管理新机制（表 11-3）。

表 11-3　公共机构水效“领跑者”（2021—2023 年）名单

序号	地区	单位名称
1	北京	北京建筑大学（大兴校区）
2	北京	北京农业职业学院

序号	地区	单位名称
3	北京	北京大学国际医院
4	北京	国家税务总局北京市昌平区税务局
5	北京	北京市水务局
6	北京	北京市西城区机关事务服务中心
7	天津	中共天津市委党校
8	天津	天津职业大学
9	天津	天津北辰经济技术开发区管理委员会
10	天津	天津科技大学
11	天津	天津市天津医院
12	河北	邯郸市第一人民医院
13	河北	石家庄市儿童医院
14	河北	河北省水利厅
15	河北	石家庄市公安局
16	河北	衡水职业技术学院
17	河北	定州市农业农村局
18	山西	临汾市公安局
19	山西	山西省运城市人民检察院
20	山西	山西水利职业技术学院
21	山西	太原理工大学
22	山西	阳泉市展览馆（阳泉市大剧院管理处）
23	山西	大同市第一人民医院
24	内蒙古	内蒙古自治区机关事务管理局第一后勤服务中心
25	内蒙古	内蒙古工业大学
26	内蒙古	呼和浩特市第一医院
27	内蒙古	呼和浩特市机关事务管理局

序号	地区	单位名称
28	辽宁	盘锦市市直机关综合事务中心
29	辽宁	锦州市公安局
30	辽宁	鞍山职业技术学院（鞍山市职教城管理委员会）
31	辽宁	沈阳工业大学
32	辽宁	辽宁科技学院
33	辽宁	大连医科大学附属第二医院
34	吉林	长春中医药大学
35	吉林	通化市东昌区机关事务管理局
36	吉林	吉林省人民检察院
37	吉林	吉林省图书馆（吉林省少年儿童图书馆）
38	吉林	吉林省结核病医院（吉林省传染病医院）
39	黑龙江	黑龙江省省直机关第一幼儿园
40	黑龙江	中国共产党黑龙江省纪律检查委员会黑龙江省监察委员会
41	黑龙江	齐齐哈尔市机关事务管理局
42	黑龙江	牡丹江市机关事务管理局
43	黑龙江	黑龙江省水利厅
44	黑龙江	黑龙江科技大学
45	上海	复旦大学（邯郸校区）
46	上海	水利部太湖流域管理局
47	上海	上海市儿童福利院
48	上海	上海市水务局
49	上海	上海市民政第三精神卫生中心
50	上海	上海市闵行区华坪小学
51	江苏	无锡市机关事务管理局（无锡市市民中心）
52	江苏	江苏省水利厅

序号	地区	单位名称
53	江苏	兴化市人民医院
54	江苏	无锡职业技术学院
55	江苏	常州市新闸中心小学
56	江苏	张家港经济技术开发区管理委员会（张家港市杨舍镇人民政府）
57	浙江	嘉兴海宁市行政中心
58	浙江	舟山市行政中心
59	浙江	温州市洞头区职业教育中心
60	浙江	国家税务总局嵊州市税务局
61	浙江	浙江水利水电学院
62	浙江	杭州市妇产科医院
63	安徽	涡阳县第一中学
64	安徽	芜湖市机关事务管理局
65	安徽	中国科学技术大学
66	安徽	池州市水利局
67	安徽	宿州市水利局
68	福建	福建工程学院
69	福建	中国人民银行龙岩市中心支行
70	福建	黎明职业大学
71	福建	福州市机关事务管理局
72	福建	宁德市水利局
73	福建	厦门市妇幼保健院
74	江西	江西省行政中心
75	江西	江西水利职业学院
76	江西	江西省市场监督管理局

序号	地区	单位名称
77	江西	江西省人民检察院
78	江西	南昌市自然资源局
79	江西	江西省水利科学院
80	山东	青岛市机关事务服务中心
81	山东	烟台职业学院
82	山东	济南市机关事务服务中心
83	山东	山东理工大学
84	山东	肥城市人民医院
85	山东	山东省水利厅
86	河南	水利部黄河水利委员会
87	河南	河南职业技术学院
88	河南	永城市机关事务服务中心（合署办公区）
89	河南	河南省水利厅
90	河南	鹤壁市机关事务管理局（合署办公区）
91	河南	河南省洛阳市中级人民法院
92	湖北	湖北省水利厅
93	湖北	湖北理工学院
94	湖北	孝感市中心医院
95	湖北	宜昌市城市规划展览馆
96	湖北	中国人民政治协商会议武汉市委员会办公厅
97	湖北	湖北省机关事务管理局
98	湖南	郴州市机关事务管理局
99	湖南	岳阳职业技术学院
100	湖南	湖南省第一师范学院

序号	地区	单位名称
101	湖南	娄底市机关事务管理局
102	湖南	长沙市中心医院
103	湖南	湖南省人民政府直属机关第一幼儿园
104	广东	深圳职业技术学院
105	广东	水利部珠江水利委员会
106	广东	中华人民共和国广州海关
107	广东	深圳市宝安区福永街道办事处
108	广东	广东省审计厅
109	广东	广州市花都区人民医院
110	广西	南宁市第一职业技术学校
111	广西	广西壮族自治区生态环境厅
112	广西	广西壮族自治区水利厅
113	广西	南宁市兴宁区机关后勤服务中心
114	广西	贵港市水利局
115	广西	桂林市秀峰区人民政府
116	海南	海南省水务厅
117	海南	海南省陵水黎族自治县水务局
118	海南	海南省机关事务管理局
119	海南	海南省高级人民法院
120	海南	海南省图书馆
121	海南	海南省司法厅
122	重庆	重庆市妇幼保健院
123	重庆	重庆市沙坪坝区陈家桥医院
124	重庆	重庆市水利局

序号	地区	单位名称
125	重庆	重庆市江北区机关事务管理局
126	重庆	铜梁二中
127	重庆	重庆理工大学
128	四川	国家税务总局达州市税务局
129	四川	成都高新技术产业开发区管理委员会
130	四川	成都市武侯区人民政府
131	四川	成都市金牛区人民政府
132	四川	德阳市人民医院
133	四川	自贡市第一人民医院
134	贵州	毕节市行政办公中心
135	贵州	国家税务总局铜仁市税务局
136	贵州	安顺职业技术学院
137	贵州	遵义市青少年服务中心
138	贵州	贵州省水利厅
139	贵州	兴义市红星路小学万峰林校区
140	云南	国家税务总局丽江市税务局
141	云南	云南省疾病预防控制中心
142	陕西	西安交通大学
143	陕西	中国人民银行汉中市中心支行
144	陕西	西咸新区沣西新城管理委员会
145	陕西	渭南市民综合服务中心
146	甘肃	兰州市西固区机关事务管理局
147	甘肃	定西市机关事务管理局
148	甘肃	酒泉市机关事务管理局

序号	地区	单位名称
149	青海	西宁市城西区机关后勤服务中心
150	青海	西宁市城中区人民政府办公室
151	青海	西宁市机关事务服务中心
152	宁夏	固原市机关事务管理局
153	宁夏	宁夏回族自治区机关事务管理局
154	宁夏	银川市机关事务服务中心
155	宁夏	宁夏回族自治区水利厅
156	宁夏	宁夏回族自治区人民检察院
157	宁夏	宁夏回族自治区科学技术厅
158	新疆	新疆维吾尔自治区水利厅
159	新疆	新疆维吾尔自治区人力资源和社会保障厅
160	新疆	新疆维吾尔自治区自然资源厅
161	新疆生产建设兵团	新疆生产建设兵团第二师华山中学
162	新疆生产建设兵团	国家税务总局石河子税务局
163	中央国家机关及所属单位	中华人民共和国工业和信息化部
164	中央国家机关及所属单位	北京交通大学
165	中央国家机关及所属单位	复旦大学附属华山医院
166	中央国家机关及所属单位	江南大学
167	中央国家机关及所属单位	中国人民银行宜昌市中心支行
168	中央国家机关及所属单位	中华人民共和国厦门海关

各地积极探索实践“领跑者”制度。基于国家层面“领跑者”制度的顶层设计与部署，各地高度重视节能降碳、节水降耗等工作，通过积极参与“领跑者”申报和推进地方“领跑者”制度实施，抓好公共机构、工业行业、技术装备等重点领域，强化制度保障，以“领跑者”制度实践为重要抓手，积极推进完成能耗“双控”、水耗“双控”等目标任务，节能降碳、节水降耗工作取得显著成效（表 11-4）。

表 11-4　各地“领跑者”制度实践经验

序号	地区	“领跑者”制度实践
1	北京	北京市发布《北京市塑料污染治理行动计划（2020—2025 年）》，把加强塑料污染治理作为推动全市绿色发展的重要任务，要求突出试点探索，开展重点用塑单位报告、用塑“领跑者”等重要制度创新试点，加快形成可复制、可推广经验。探索建立减塑、限塑行业“领跑者”制度，树立重点行业一次性塑料制品使用强度标杆
2	上海	上海市始终高度重视节能低碳工作，颁布实施了全国节能低碳领域第一部地方性法规——《上海市节约能源条例》，为推动全社会节能低碳工作提供了法制保障。组织开展工业企业能效水平对标达标活动，先后评选出上海市工业领域 4 批能效“领跑者”
3	天津	天津市委、市政府认真贯彻落实党中央、国务院关于节能降碳工作的决策部署，将节能降碳作为转变经济发展方式、加快生态文明建设、推动经济高质量发展的重要抓手。积极树立先进典型。三星电子、亿昇科技、特变电工、林元机械等企业的技术产品入选国家能效“领跑者”、工业节能技术装备目录和“能效之星”产品目录
4	重庆	重庆市印发《支持制造业高质量发展若干政策措施》，重点鼓励创新发展，推动转型发展，培育优质企业，降低企业成本，强化要素和人才保障。在推动转型发展方面，提出通过对能效“领跑者”和绿色工厂给予政策倾斜等举措促进绿色化发展。为全市 296 家企业提供公益性节能诊断服务，对全市 300 家企业开展公益性清洁化诊断，支持企业深挖节能潜力，共评选重庆市能效“领跑者”火电行业 4 家企业 6 台机组、水泥行业 5 家企业 9 条生产线、造纸行业 1 家企业 1 条生产线

序号	地区	“领跑者”制度实践
5	浙江	浙江省在推动高质量发展中扎实推进共同富裕，通过大力推进杭州、宁波、温州、金义四大都市区建设，提升在长三角世界级城市群中的功能地位，发挥对区域协调发展的引领作用，成为新时代下全体人民共同富裕的“领跑者”，为全国其他地方促进共同富裕积累经验、提供示范
6	辽宁	辽宁省印发《关于推进质量强省战略深化质量提升行动的总体方案（2021—2022）》，提出推动质量强省建设，提出引导企业积极参与辽宁省企业标准“领跑者”活动，围绕化肥、消毒液、大米等产品，推出一批标准水平领先、品牌效应突出、示范作用明显的企业标准“领跑者”名单等
7	山西	山西省以能源革命综合改革试点为抓手，锚定能耗“双控”目标，严格落实节能目标责任。大力实施能效“领跑者”制度，山西天泽煤化工集团、广灵金隅水泥等企业入围国家重点用能行业能效“领跑者”企业名单，通过标杆企业领跑促进重点产品单耗水平不断前移
8	吉林	吉林省把严格能耗强度和总量“双控”作为促进经济转型、推进绿色发展、建设美丽吉林的重要抓手，创新工作举措，加大工作力度，节能降耗工作取得显著成效。组织开展节能监察、节能诊断服务、能效“领跑者”遴选等活动，已创建节约型机关 1 323 家、国家级节约型公共机构示范单位 97 家、公共机构能效“领跑者”12 家
9	安徽	安徽省认真贯彻党中央、国务院决策部署，严格实施能耗“双控”制度，组织开展重点耗能行业能效水平对标达标，积极推进高耗能企业落实能效“领跑者”制度。对全省 180 家重点耗煤企业开展“一企一策”耗煤管理
10	江西	江西省推进全省公共机构节能取得积极显著成效。按照“县县有示范、各类全覆盖”目标要求，扎实开展节约型机关、节约型公共机构示范单位创建和能效“领跑者”遴选工作。全省成功创建 179 家国家级、103 家省级节约型公共机构示范单位，有 8 家公共机构被授予全国能效“领跑者”
11	山东	山东省把节能降碳作为推进生态文明建设、解决资源约束趋紧、倒逼经济发展方式转变的重要举措，实施能效“领跑者”制度，累计遴选了 22 个省级能效“领跑者”，树立节能标杆，开展能效对标达标，提高能源利用效率。全省累计创成 204 家国家级、274 家省级、671 家市级节约型公共机构示范单位，遴选 12 家国家级、38 家省级公共机构能效“领跑者”

序号	地区	“领跑者”制度实践
12	河南	河南省强化重点用能单位节能监察，组织开展能效“领跑者”活动，“心连心”“豫光金铅”等 7 家企业荣获国家能效“领跑者”称号
13	湖北	湖北省把能耗“双控”作为转变发展方式、建设生态文明、促进绿色发展的重要抓手，采取有效措施，推动能耗“双控”目标任务完成。积极推进重点用能行业能效“领跑者”创建，开展节能宣传周活动；加强公共机构重点用能单位节能目标管理，组织开展节约型示范单位创建，12 家示范单位成功创建国家级公共机构能效“领跑者”
14	海南	海南省狠抓节能降耗，扎实推进节能降碳各项工作。积极组织企业申报能效“领跑者”，2 家企业被评为能效“领跑者”。组织开展了 3 批节约型公共机构示范单位创建和能效“领跑者”遴选，共创建了 76 家国家级、32 家省级节约型公共机构示范单位以及 11 家能效“领跑者”单位

11.4 绿色供应链管理

绿色供应链管理政策加快推进。2021 年 2 月，国务院印发的《关于加快建立健全绿色低碳循环发展经济体系的指导意见》（国发〔2021〕4 号）中明确提出，全方位全过程推行绿色规划、绿色设计、绿色投资、绿色建设、绿色生产、绿色流通、绿色生活、绿色消费，在高效利用资源、严格保护生态环境、有效控制温室气体排放的基础上，确保实现“碳达峰、碳中和”目标。《“十四五”工业绿色发展规划》中提出“构建完整贯通的绿色供应链”要求，明确“鼓励工业企业开展绿色制造承诺机制，倡导供应商生产绿色产品，创建绿色工厂，打造绿色制造工艺，推行绿色包装，开展绿色运输，做好废弃产品回收处理，形成绿色供应链。推动绿色产业链与绿色供应链协同发展，鼓励汽车、家电等生产企业构建数据支撑、网络共享、智能协作的绿色供应链管理体系”。商务部办公厅印发的《关于推动电子商务企业绿色发展工作的通知》指出，“持续推动电商企业节能增效。强化绿色发展理念，提升低碳环保水平，增强数字化运营能力。鼓励电商企业应用大数据、云计算、人工智能等现代信息技术，加强供需匹配，提高库存周转率，推动多渠道物流共享，应用科学配载，降低物流成本和能耗。推动快递包装减量，鼓励电商企业通过产地直采、原装直发、聚单直发等模式，减少快递包装用量”。

绿色制造体系建设深入推进。“十三五”以来，工业领域以传统行业绿色化改造为重点，大力实施绿色制造工程，工业绿色发展取得明显成效，绿色制造体系基本构建。“十三五”期间，共研究制定 468 项节能与绿色发展行业标准，建设 2 121 家绿色工厂、171 家绿色工业园区、189 家绿色供应链企业，推广近 2 万种绿色产品。2021 年，工业和信息化部办公厅印发组织推荐第三批工业产品绿色设计示范企业的通知，经申报单位自评价、第三方评价、地方工业和信息化主管部门评估确认及专家论证、公示等程序，对外公布了 2021 年度绿色制造名单，包括绿色工厂 662 家、绿色设计产品 989 种、绿色工业园区 52 家、绿色供应链管理企业 107 家。

绿色供应链标准制定工作加快发展。2021 年 1 月 26 日，由全国绿色制造技术标准化技术委员会（SAC/TC337）归口、中国电子技术标准化研究院牵头组织制定的国家标准《电子信息制造业绿色供应链管理规范》（TCESA1098—2020）对外正式征求意见。4 月 22 日，广东省节能中心组织召开《陶瓷企业绿色供应链管理评价技术规范》团体标准审定会，将有利于引导和规范陶瓷企业系统地构建绿色供应链管理体系，带动供应链上的相关企业协同绿色发展，为第三方机构或企业开展绿色供应链企业评价及自评价提供依据。6 月，上海市市场监督管理局批准并发布上海市地方标准《纺织产品绿色供应链管理与评价导则》（DB31/T 1304—2021），于 2021 年 7 月 1 日起正式实施。该标准立足上海，辐射长三角，面向全国，是国内首个纺织行业绿色供应链管理评价的地方标准。

地方积极探索绿色供应链管理政策。2021 年 5 月，上海市、江苏省、浙江省、安徽省的市场监督管理局印发《长三角绿色认证一体化发展实施方案》的通知，按照“统一目录、统一标准、统一评价、统一标识”的方针，建立系统科学、开放融合、指标先进的长三角绿色认证工作体系，健全完善共商、共建、共治、共享和共赢的工作机制。5 月 31 日，深圳市工业和信息化局印发《关于推动塑料生产领域绿色化发展的通知》，进一步落实塑料禁限政策，围绕禁止淘汰类塑料制品生产、提高可降解塑料制品供给、推动塑料企业绿色化转型以及强化塑料污染治理督促监管等方面，推进全市塑料制品生产企业绿色化发展工作。7 月 2 日，重庆市人民政府印发《关于加快建立健全绿色低碳循环发展经济体系的实施意见（征求意见稿）》（渝府发〔2021〕31 号），多处提及产业链供应链相关内容，指出在汽车、电子电器、通信、机械、大型成套装备等行业中选择一批代表性强、行业影响力大、经营实力雄厚、管理水平高的龙头企业，推动绿色供应链管理企业建设，积极申报国家绿色供应链试点。

社会机构高度关注绿色供应链管理议题。2021 年 9 月 9 日，中国环境与发展国际合作委员会 2021 年年会主题论坛“从生物多样性到气候变化：凝聚全球绿色价值链新动力”通过线上线下方式举办。论坛围绕全球绿色供应链顶层设计和国际协调机制、全球绿色供应链保障和激励机制、绿色供应链助力全球生物多样性保护和应对气候变化等议题展开讨论。10 月 21 日下午，2021 年绿色供应链暨气候行动论坛在北京开幕，公众环境研究中心（IPE）发布第八期绿色供应链 CITI 指数，以及全新升级的企业气候行动 CATI 指数。两份年度指数报告显示，一批中外领先品牌做出气候和环境承诺，不断向供应链上游高排放环节延伸管理，并借助数字技术赋能在华供应商核算、披露，设定目标。而在中国

"碳达峰、碳中和"战略的背景下，一批中国的生产型企业也在积极行动。11 月 30 日，中英绿色低碳合作交流会暨中英绿色制造报告发布会在线举办，发布了《中英绿色制造报告》，两国在绿色制造领域的有识之士共同探讨了中英在该领域的政策以及合作商机，发展绿色供应链是发布会的重要议程。

11.5 环境信用

全国环境信用评价工作稳步推进。我国大陆地区的 31 个省（区、市），除北京市外，其他 30 个省（区、市）都开展了企业环境信用评级工作，共有 22 个省（区、市）颁布了相关环境信用评价的规定。2021 年，天津市生态环境局会同市发展改革委制定了《天津市企业环境信用评价和分类监管办法（试行）》，山东、河北、重庆根据环境信用最新要求和地方实际修订了生态环境信用管理办法。安徽、浙江、江苏和上海配合长三角更高质量一体化发展要求，按《长三角区域生态环境领域实施信用联合奖惩合作备忘录（2020 年版）》实施生态环境信用评价和管理（表 11-5）。

表 11-5　企业环境信用评价政策文件一览表

区域	政策文件（以最新发布为准）	发布时间
国家	企业环境信用评价办法（试行）	2013 年 12 月 18 日
河北	河北省企业生态环境信用管理办法（试行）	2021 年 7 月
天津	天津市企业环境信用评价和分类监管办法（试行）	2021 年 12 月
内蒙古	内蒙古自治区企业环境信用评价实施方案（试行）	2017 年 11 月
辽宁	辽宁省企业环境信用评价管理办法（修订）	2018 年 1 月 19 日
吉林	吉林省企业环境信用评价方法（试行）	2017 年 12 月 18 日

区域	政策文件（以最新发布为准）	发布时间
黑龙江	黑龙江省企业环境信用评价暂行办法	2017 年 12 月 25 日
江苏	江苏省企业环保信用评价暂行办法	2018 年 12 月 24 日
安徽	安徽省企业环境信用评价实施方案	2017 年 3 月 29 日
福建	福建省企业环境信用动态评价实施方案（试行）	2018 年 12 月 19 日
江西	江西省企业环境信用评价及信用管理暂行办法	2017 年 10 月 25 日
山东	山东省企业环境信用评价办法	2021 年 5 月
河南	河南省企业环境信用评价管理办法（试行）	2015 年 9 月
	河南省企业事业单位环保信用评价管理办法	2018 年 7 月 25 日
湖北	湖北省企业环境信用评价办法（试行）	2017 年 2 月 14 日
湖南	湖南省企业环境信用评价管理办法	2015 年 2 月 2 日
重庆	重庆市企业环境信用评价办法）	2017 年 10 月 13 日
四川	四川省企业环境信用评价指标及计分方法（2019 年版）	2020 年 6 月
	四川省社会环境监测机构环境信用评价指标及计分方法	2020 年 6 月
贵州	贵州省企业环境信用评价指标体系及评价办法（试行）	2018 年 5 月 10 日
	贵州省环境保护失信黑名单管理办法（试行）	2015 年 10 月 23 日
西藏	西藏自治区企业环境信用等级评价办法（试行）	2014 年 8 月 8 日
陕西	陕西省企业环境信用评价办法及陕西省企业环境信用评价要求及考核评分标准	2015 年 12 月 8 日
甘肃	甘肃省工业企业环境保护标准化建设暨环境信用评价工作方案（试行）	2014 年
宁夏	宁夏回族自治区企业环保信用评价及信用管理暂行办法	2016 年 10 月 8 日
新疆	新疆维吾尔自治区企业环境信用评价管理办法（试行）	2018 年 9 月 10 日
浙江	浙江省企业环境信用评价管理办法（试行）	2020 年 1 月

资料来源：根据《企业环保信用评价政策实施评述》和网上资料整理。

地方环境信用评价实践范围存在差异。上海市评价工作将参评企业划分为市重点排污单位和年度内有过一定程度环境行政处罚的企业。重庆市共列举了 15 类必须参与评价的企业，其中包括“环境影响评价、环境监测等领域的环境服务机构”，并鼓励未纳入范围的企业、个体工商户自愿申请参评。吉林、山东、湖南的参评企业则为全省行政区域内的所有企业。河北、内蒙古、江苏、湖北、宁夏将国控、省（区）控和市控重点排污单位全覆盖；河南、新疆还分别将辐射类企业、从事环境服务的企业也一并列入。甘肃则是由省级生态环境部门按年度确定全省参评企业数量，具体企业名单由各市、州生态环境部门确定（表 11-6、表 11-7）。

表 11-6　企业环境信用评价参评企业范围

区域	评价范围
国家	污染物排放总量大、环境风险高、生态环境影响大的企业
河北	重点排污单位（国家级、省级、市级）以及受到环境行政处罚处理的未在重点排污单位内的企业
内蒙古（乌海）	区级以上（含）重点监控企业；10 类重点行业企业；上一年度发生较大及以上突发环境事件的企业等
辽宁	污染物排放总量大、环境风险高、生态环境影响大的企业；实际操作时，2018 年参评企业范围为火电、造纸、水泥 3 个行业的相关企业
吉林	辖区内企业
黑龙江	重点排污单位
江苏	设区的市级以上生态环境主管部门确定的重点排污单位；列入污染源日常监管的单位；纳入排污许可管理的单位；卫生、社会与服务业有污染物排放的单位；产生环境行为信息的单位
安徽	污染物排放总量大、环境风险高、生态环境影响大的企业
福建	污染物排放总量大、环境风险高、生态环境影响大、环境违法问题突出的企业

区域	评价范围
江西	评价年度生态环境部下达的重点排污单位名单所列企业
山东	本省行政区域内企业
青海	本省重点排污单位
河南	全省国控、省控重点监控企业和辐射类企业
湖北	国控、省控、市控重点排污企业
湖南	全省范围内企业
重庆	污染物排放总量大、环境风险高、生态环境影响大的企业
四川	未查到政策原文，范围未知
贵州	政策文件中未涉及
西藏	污染物排放总量大、环境风险高、生态环境影响大的 9 类企业
陕西	4 市 202 家国家重点监控企业（2019 年）
甘肃	省级环保部门按年度确定全省开展环境保护标准化建设和环境信用评价工作企业的数量，各市（州）环保部门按照省级环保部门确定的辖区开展试点企业的数量，具体确定试点企业名单，报省级环保部门审核后，由省级环保部门统一公布，并通报给有关部门
宁夏	国控、区控重点企业和地方重点企业
新疆	纳入排污许可管理的排污单位、从事环境服务的企业和其他应当纳入环境信用评价的企业
广东	1 200 家国家重点监控企业（2018 年）

表 11-7　环境信用评价文件评级分类情况

区域	等级划分	评分规则
生态环境部	四级	计分制
长三角区域	五级	得分制
浙江	五级	得分制
山东	五级	计分制

区域	等级划分	评分规则
四川	四类	计分制
河南	四类	计分制
深圳市	四类	计分制
江苏	五级	计分制
辽宁	四类	计分制

披露渠道以政府网站为主。中国银行监督管理委员会、中国人民银行、国家发展改革委、环境保护部《关于印发〈企业环境信用评价办法〉（试行）的通知》（环发〔2013〕150号）规定企业环境信用评价信息的公开方式包括政府网站、报纸等媒体或者新闻发布会等形式。河北、辽宁、吉林等22个省（区、市）采用政府网站和报纸、微信公众号、微博等媒体或者新闻发布会等方式公开企业环境信用评价信息，辽宁、黑龙江、福建、河南、海南、贵州、陕西7个省在环境信用评价管理系统或平台公开企业环境信用评价信息。总体来看，各省在披露评价结果渠道的选择上，仍以政府网站、报纸、微信公众号、新闻发布会等渠道为主，环境信用管理系统或平台、信用中国等渠道使用较少（表11-8）。

表11-8　各省（区、市）企业环境信用评价结果信息公开渠道情况

省（区、市）	信息公开渠道
河北	河北省生态环境厅官网
辽宁	企业环境信用评价信理系统、辽宁省生态环境厅官网
吉林	吉林省生态环境厅行政处罚及信用评价平台、信用吉林
黑龙江	黑龙江省生态环境厅官网、报纸
江苏	江苏省企事业环保信用评价系统
浙江	浙江省生态环境厅、信用浙江、浙江生态环境官方微博微信

省（区、市）	信息公开渠道
安徽	安徽省生态环境厅门户网站、信用安徽、省级媒体
福建	福建省的省级生态环境部门网站、建设环境信用评价公示平台
江西	江西省生态环境厅官网
四川	四川省企业环境信用评价系统
山东	山东省生态环境厅官网、山东省环境信用评价系统
河南	河南省公共信用信息平台、信用中国（河南）、河南省生态环境厅网站
湖北	武汉市生态环境局-湖北企业环境信用评价
湖南	湖南省生态环境厅-企业环境信用评价、公众媒体
海南	海南省生态环境厅、海南省环境信用评价系统
贵州	贵州省生态环境厅官网、贵州省环境信用信息管理系统
陕西	陕西省公共信用平台、陕西省生态环境厅官网、报纸等媒体或者新闻发布会
甘肃	甘肃省企业信用信息网、省级媒体
青海	信用中国（青海）
内蒙古	信用中国（内蒙古）、内蒙古自治区生态环境厅官网、报纸等媒体或者新闻发布会
广西	广西企业信用信息管理平台、广西壮族自治区生态环境厅官网
西藏	西藏自治区生态环境厅官网、公众媒体
宁夏	宁夏回族自治区生态环境厅官网
重庆	重庆市生态环境局官网、报纸、微信公众号等媒体或者新闻发布会

地方积极探索企业环保守信激励。部分地区探索将环保信用评价与贷款利率、优惠政策等相结合，正向引导各企业项目以正面典型为榜样，以反面典型为警示，如安徽省出台《企业环境信用与绿色信贷衔接办法》，鼓励金融机构为环境信用良好的企业提供信贷绿色通道。

江苏省开发“环保贷”，对环保信用评价结果良好及以上的企业贷款利率上浮最高不超过 15%，环保信用评价结果越差，贷款利率越高。江苏、安徽、广东和福建等省份的生态环境部门与金融监管部门建立了环境信用信息共享机制，帮助银行、保险公司准确把控企业的环境风险状况，并将企业环境信息与绿色信贷政策深入融合，进一步提升了绿色信贷可操作性。

11.6 小结

行业环境经济政策在 2021 年取得积极进展，《环境保护综合名录（2021 年版）》（环办综合函〔2021〕495 号）正式印发，名录式管理清单在环保、节能、节水、气候变化等各个领域发挥了积极作用；国家高度重视环保、能效、水效“领跑者”制度的实践与实施，制定相关“领跑”标杆标准，开展“领跑者”遴选评选工作，全国各地也积极参与申报和开展地方实践工作；环境信息依法披露工作取得里程碑式进展，文件陆续发布，环境信息依法披露制度框架基本搭建，披露协同管理机制不断加强。

11.6.1 存在的问题

《环境保护综合名录》相关标准和办法与新形势下的生态环保工作要求尚有差距。《环境保护综合名录》相关判定标准和管理办法需要根据生态环保最新需求进行修订更新。自 2007 年《环境保护综合名录》发布以来，国家生态环境保护要求有了一些明显的变化，从四项污染物的减排到现在的减污降碳协同，提出了对新污染物控制、保障人体健康、生态安全要求等新的需求。国家应根据新的管控要求修订相应的技术导则和管理办法等，以便适应最新的生态环保需求。

环境信息依法披露制度尚需进一步完善。我国已经发布了改革方案、管理办法和格式准则等文件，基本构建了环境依法披露制度的政策框架，但该制度还处于起步阶段，需要进一步完善和优化。中央和地方的信息系统尚未构建，自愿性信息披露制度还没建立，包括后续企业填报、政府监管等还需要在实际操作中进一步磨合，需要长期持续开展此项工作。

环保“领跑者”制度推进滞后。国家高度重视能效、水效“领跑者”制度的实践与实施，制定相关“领跑”标杆标准，开展“领跑者”遴选评选工作，全国各地积极参与申报，并开展地方实践工作。国家“十四五”规划、工业绿色发展规划、节水型社会建设规划等十余项国家规划和政策文件中都明确了“完善能效、水效‘领跑者’制度”的部署和要求。但是在环保方面，自从《环保“领跑者”制度实施方案》发布后，一直没有实质性进展，各行业环保先进标杆的示范作用有待进一步提升。

环境信用体系建设进展较慢。国家层面缺乏专门立法。目前，环保信用体系建设主要由指导性文件来推动和倡导，政策效力较弱。信用评价覆盖程度不高。大多数已开展的地方评价范围仅限于重点排污单位，即使是走在全国前列的省（区、市），参评时仍然没有实现污染源企业全覆盖。信用评价社会化程度不高，在企业环境信用评价的全过程中，公众及社会组织的直接参与度不够。

11.6.2 发展方向

修订完善名录编制规范。根据最新环境管理需求，以实现减污降碳协同增效为抓手修订《环保综合名录管理办法》《环保综合名录技术方案》等；为适应新污染物控制、保障人体健康、生态安全要求等最新的生态环保需求，应根据新的管控要求修订相应的技术导则和管理办法等。在评价标准中增加碳排放相关指标、修订环境风险相关指标等，加强最新环境管理需求的对接。

强化环保“领跑者”制度试点示范。一是要进一步针对水、气、土壤等要素，针对 VOCs、碳排放、氮磷等关键污染因子开展环保“领跑者”制度试点研究，选择试点产品及行业，设计相关“领跑者”遴选具体指标和遴选程序及要求，有序推进生态环保“领跑者”制度试点落地，遴选行业生态环保先进“领跑”标杆，设计激励机制，引导各行业向“领跑”企业看齐，有序提升全行业的环保绩效。

进一步完善环境信息依法披露制度。建立环境信息依法披露改革进展与成效跟踪评估机制。定期调度各地工作进展，开发企业环境信息依法披露质量评价方法，开展上市公司、发债企业、中央企业等重点主体披露状况实证评估。探索建立企业环境信息自愿性披露制度体系与技术规范体系。开展环境信息自愿性披露国内外经验研究，编制环境信息自愿性披露格式准则，联合相关行业协会和研究机构开展石化化工与汽车等行业环境信息自愿性披露格式准则的编制和试点应用工作。

加快推进环境信用体系建设工作。推动企业环保信用评价相关立法工作，将环保信用制度作为《社会信用管理法》的一个重要立法板块，以增加信用法律效应。鼓励符合条件的第三方信用服务机构向失信市场主体提供信用报告、信用管理咨询等服务。研究推进环保信用修复工作，构建科学合理的环境信用修复机制，作为失信惩戒制度的有效补充。

附　录

附录一　2021 年国家层面出台环境经济政策情况

序号	政策名称	发布部门	发布时间	政策类型	政策来源
1	国家危险废物名录（2021 年版）	生态环境部等	2020-11-27	综合性政策	https://www.mee.gov.cn/xxgk2018/xxgk/xxgk02/202011/t20201127_810202.html?tdsourcetag=s_pcqq_aiomsg
2	石化化工行业鼓励推广应用的技术和产品目录（第一批）	工业和信息化部	2021-06-01	行业环境经济政策	https://baijiahao.baidu.com/s?id=1708609725632809366&wfr=spider&for=pc
3	国家鼓励的工业节水工艺、技术和装备目录（2021 年）	工业和信息化部、水利部	2021-12-02	行业环境经济政策	http://www.gov.cn/zhengce/zhengceku/2021-12/14/content_5660688.html
4	环境保护综合名录（2021 年版）	生态环境部	2021-11-03	行业环境经济政策	http://www.mee.gov.cn/ywdt/hjywnews/202111/t20211103_959023.shtml

序号	政策名称	发布部门	发布时间	政策类型	政策来源
5	环境信息依法披露制度改革方案	生态环境部	2021-05-24	行业环境经济政策	https://www.mee.gov.cn/xxgk2018/xxgk/xxgk03/202105/t20210525_834444.html
6	企业环境信息依法披露管理办法	生态环境部	2021-12-21	行业环境经济政策	https://baijiahao.baidu.com/s?id=1719768022924524132&wfr=spider&for=pc
7	企业环境信息依法披露格式准则	生态环境部办公厅	2021-12-31	行业环境经济政策	https://www.mee.gov.cn/xxgk2018/xxgk/xxgk05/202201/t20220110_966488.html
8	关于组织开展 2021 年度重点用能行业能效“领跑者”遴选工作的通知	工业和信息化部办公厅、国家市场监督管理总局办公厅	2021-11-05	行业环境经济政策	https://www.miit.gov.cn/jgsj/jns/nyjy/art/2021/art_9b9d8a3678fa4285b8207757ca7485b5.html
9	六部门关于开展第二批智能光伏试点示范的通知	工业和信息化部办公厅、住房和城乡建设部办公厅、交通运输部办公厅、农业农村部办公厅、国家能源局综合司、国家乡村振兴局综合司	2021-03-19	行业环境经济政策	https://www.miit.gov.cn/zwgk/zcwj/wjfb/dzxx/art/2021/art_fa94428721fa4697a04fb0054b56bb82.html
10	关于严格能效约束推动重点领域节能降碳的若干意见	国家发展改革委、工业和信息化部、生态环境部、国家市场监督管理总局、国家能源局	2021-10-18	行业环境经济政策	https://www.ndrc.gov.cn/xxgk/zcfb/tz/202110/t20211021_1300583.html?code=&state=123

序号	政策名称	发布部门	发布时间	政策类型	政策来源
11	高耗能行业重点领域能效标杆水平和基准水平（2021年版）	国家发展改革委、工业和信息化部、生态环境部、国家市场监督管理总局、国家能源局	2021-11-15	行业环境经济政策	https://www.ndrc.gov.cn/fzggw/jgsj/cys/sjdt/202111/t20211117_1304238.html?code=&state=123
12	建设高标准市场体系行动方案	中共中央办公厅、国务院办公厅	2021-01-03	行业环境经济政策	http://www.gov.cn/zhengce/2021-01/31/content_5583936.html
13	关于发布公共机构水效领跑者（2021—2023年）名单的通知	国家市场监督管理总局、国家发展改革委、水利部	2021-08-16	行业环境经济政策	http://qgjsb.mwr.gov.cn/tzgg/202108/t20210820_1540064.html
14	城镇供水定价成本监审办法	国家发展改革委、住房和城乡建设部	2021-08-03	环境价格政策	https://www.ndrc.gov.cn/xxgk/zcfb/fzggwl/202108/t20210806_1293275.html?code=&state=123
15	城镇供水价格管理办法	国家发展改革委、住房和城乡建设部	2021-08-03	环境价格政策	https://www.ndrc.gov.cn/xxgk/zcfb/fzggwl/202108/t20210806_1293274.html?code=&state=123
16	关于持续推进农业水价综合改革工作的通知	国家发展改革委、财政部、水利部、农业农村部	2021-07-12	环境价格政策	https://www.ndrc.gov.cn/xxgk/zcfb/tz/202107/t20210716_1290564.html?code=&state=123
17	关于“十四五”时期深化价格机制改革行动方案的通知	国家发展改革委	2021-05-18	环境价格政策	https://www.ndrc.gov.cn/xxgk/zcfb/tz/202105/t20210525_1280785.html?code=&state=123

序号	政策名称	发布部门	发布时间	政策类型	政策来源
18	关于进一步完善分时电价机制的通知	国家发展改革委	2021-07-26	环境价格政策	https://www.ndrc.gov.cn/xxgk/zcfb/tz/202107/t20210729_1292067.html?code=&state=123
19	关于2021年新能源上网电价政策有关事项的通知	国家发展改革委	2021-06-07	环境价格政策	https://www.ndrc.gov.cn/xxgk/zcfb/tz/202106/t20210611_1283088.html?code=&state=123
20	关于完善电解铝行业阶梯电价政策的通知	国家发展改革委	2021-08-26	环境价格政策	https://www.ndrc.gov.cn/xwdt/tzgg/202108/t20210827_1294890.html?state=123&code=&state=123
21	天然气管道运输价格管理办法（暂行）、天然气管道运输定价成本监审办法（暂行）	国家发展改革委	2021-06-07	环境价格政策	https://www.ndrc.gov.cn/xwdt/tzgg/202106/t20210609_1282913.html?code=&state=123
22	关于发布计算环境保护税应税污染物排放量的排污系数和物料衡算方法的公告	生态环境部、财政部、国家税务总局	2021-04-28	环境税收政策	http://www.mee.gov.cn/xxgk2018/xxgk/xxgk01/202104/t20210430_831400.html
23	国家税务总局关于简并税费申报有关事项的公告	国家税务总局	2021-04-12	环境税收政策	http://www.chinatax.gov.cn/chinatax/n810341/n810825/c101434/c5163487/content.html
24	关于对部分成品油征收进口环节消费税的公告	财政部、海关总署、国家税务总局	2021-05-12	环境税收政策	http://gss.mof.gov.cn/gzdt/zhengcefabu/202105/t20210514_3702362.html
25	关于取消钢铁产品出口退税的公告	财政部、国家税务总局	2021-07-28	环境税收政策	http://szs.mof.gov.cn/zhengcefabu/202107/t20210728_3741154.html

序号	政策名称	发布部门	发布时间	政策类型	政策来源
26	关于取消部分钢铁产品出口退税的公告	财政部、国家税务总局	2021-04-26	环境税收政策	http://szs.mof.gov.cn/zhengcefabu/202104/t20210428_3694213.html
27	关于进一步优化增值税优惠政策办理程序及服务有关事项的公告	国家税务总局	2021-03-29	环境税收政策	http://www.chinatax.gov.cn/chinatax/n359/c5162928/content.html
28	关于进一步完善研发费用税前加计扣除政策的公告	财政部、国家税务总局	2021-03-31	环境税收政策	http://szs.mof.gov.cn/zhengcefabu/202104/t20210402_3680563.html
29	关于进一步落实研发费用加计扣除政策有关问题的公告	国家税务总局	2021-09-13	环境税收政策	http://www.chinatax.gov.cn/chinatax/n810341/n810825/c101434/c5169007/content.html
30	关于落实从事污染防治的第三方企业所得税政策有关问题的公告	国家税务总局、国家发展改革委、生态环境部	2021-04-29	环境税收政策	http://www.chinatax.gov.cn/chinatax/n810341/n810825/c101434/c5164225/content.html
31	关于调整部分钢铁产品关税的公告	国务院关税税则委员会	2021-04-27	环境税收政策	http://gss.mof.gov.cn/gzdt/zhengcefabu/202104/t20210428_3694144.html
32	关于 2022 年关税调整方案的通知	国务院关税税则委员会	2021-12-13	环境税收政策	http://www.gov.cn/zhengce/zhengceku/2021-12/15/content_5660939.html
33	关于公布《环境保护、节能节水项目企业所得税优惠目录（2021 年版）》以及《资源综合利用企业所得税优惠目录（2021 年版）》的公告	财政部、国家税务总局、国家发展改革委、生态环境部	2021-12-16	环境税收政策	http://szs.mof.gov.cn/zhengcefabu/202112/t20211222_3777189.html

序号	政策名称	发布部门	发布时间	政策类型	政策来源
34	关于印发《“十四五”城镇生活垃圾分类和处理设施发展规划》的通知	国家发展改革委、住房和城乡建设部	2021-05-06	环境收费政策	http://www.gov.cn/zhengce/zhengceku/2021-05/14/content_5606349.html
35	关于印发《“十四五”城镇污水处理及资源化利用发展规划》的通知	国家发展改革委、住房和城乡建设部	2021-06-06	环境收费政策	https://www.ndrc.gov.cn/xxgk/zcfb/ghwb/202106/t20210611_1283168_ext.html
36	关于推进非居民厨余垃圾处理计量收费的指导意见	国家发展改革委、住房和城乡建设部	2021-07-02	环境收费政策	https://www.ndrc.gov.cn/xxgk/zcfb/tz/202107/t20210708_1287793.html?code=&state=123
37	关于做好全国碳排放权交易市场数据质量监督管理相关工作的通知	生态环境部办公厅	2021-10-23	环境权益交易政策	http://www.mee.gov.cn/xxgk2018/xxgk/xxgk06/202110/t20211025_957707.html?keywords=
38	关于发布《碳排放权登记管理规则（试行）》《碳排放权交易管理规则（试行）》和《碳排放权结算管理规则（试行）》的公告	生态环境部	2021-05-14	环境权益交易政策	http://www.mee.gov.cn/xxgk2018/xxgk/xxgk01/202105/t20210519_833574.html?keywords=
39	碳排放权交易管理办法（试行）	生态环境部	2021-01-05	环境权益交易政策	http://www.gov.cn/zhengce/zhengceku/2021-01/06/content_5577360.html
40	完善能源消费强度和总量双控制度方案	国家发展改革委	2021-09-11	环境权益政策	https://www.ndrc.gov.cn/xwdt/tzgg/202109/t20210916_1296857.html
41	银行业金融机构绿色金融评价方案	中国人民银行	2021-05-27	绿色金融	http://www.gov.cn/zhengce/zhengceku/2021-06/11/content_5616962.html

序号	政策名称	发布部门	发布时间	政策类型	政策来源
42	绿色债券支持项目目录（2021 年版）	中国人民银行、国家发展改革委、证监会	2021-04-02	绿色金融	http://www.gov.cn/zhengce/zhengceku/2021-04/22/content_5601284.html
43	助推实现“碳达峰、碳中和”目标倡议书	中国保险资产管理业协会	2021-05-20	绿色金融	https://www.163.com/dy/article/GAFBU18G0514R9KC.html
44	关于开展气候投融资试点工作的通知、气候投融资试点工作方案	生态环境部、国家发展改革委等九部委	2021-12-23	绿色金融	https://www.sohu.com/a/511536984_100119971
45	关于明确碳中和债相关机制的通知	中国银行间市场交易商协会	2021-03-18	绿色金融	http://www.nafmii.org.cn/ggtz/tz/202103/t20210318_84911.html
46	金融机构环境信息披露指南	中国人民银行	2020-11-10	绿色金融	https://www.cfstc.org/jinbiaowei/2929444/2977636/index.html
47	关于同意开展生态环境导向的开发（EOD）模式试点的通知	生态环境部办公厅、国家发展改革委办公厅、国家开发银行办公室	2021-04-27	环境市场政策	https://www.mee.gov.cn/xxgk2018/xxgk/xxgk06/202104/t20210428_831153.html
48	关于推荐生态环境导向的开发模式试点项目的通知	生态环境部办公厅、国家发展改革委办公厅、国家开发银行办公室	2021-09-16	环境市场政策	https://www.mee.gov.cn/xxgk2018/xxgk/xxgk06/202009/t20200923_800005.html
49	关于鼓励和支持社会资本参与生态保护修复的意见	国务院办公厅	2021-11-10	环境市场政策	http://www.gov.cn/zhengce/content/2021-11/10/content_5650075.html

序号	政策名称	发布部门	发布时间	政策类型	政策来源
50	关于同意建设国家环境保护生态环境损害鉴定与恢复重点实验室的函	生态环境部	2021-01-24	环境核算政策	https://www.mee.gov.cn/xxgk2018/xxgk/xxgk04/202101/t20210128_819119.html
51	关于建立健全生态产品价值实现机制的意见	中共中央办公厅、国务院办公厅	2021-04-26	环境核算政策	http://health.cnr.cn/jkgdxw/20210427/t20210427_525472871.shtml
52	强化危险废物监管和利用处置能力改革实施方案	国务院办公厅	2021-05-25	环境核算政策	http://www.gov.cn/zhengce/content/2021-05/25/content_5611696.html
53	关于进一步加强生物多样性保护的意见	中共中央办公厅、国务院办公厅	2021-10-19	环境核算政策	http://www.gov.cn/zhengce/2021-10/19/content_5643674.html
54	《电子信息制造业绿色供应链管理规范》国家标准（征求意见稿）	电子技术标准化研究院	2021-01-22	绿色供应链	https://www.163.com/dy/article/G16PR9C40534ECS5.html
55	《陶瓷企业绿色供应链管理评价技术规范》专家审定	广东省节能中心	2021-04-22	绿色供应链	—
56	《纺织产品绿色供应链管理与评价导则》（DB31/T 1304-2021）	上海市市场监督管理局	2021-05-08	绿色供应链	https://www.bzw86.com/215826.html

附录二 2021 年地方层面出台环境经济政策情况

序号	政策名称	发布部门	发布时间	政策类型	政策来源
1	关于进一步完善我省峰谷分时电价政策有关问题的通知	广东省发展改革委	2021-08-31	环境价格政策	http://drc.gd.gov.cn/ywtz/content/post_3500421.html
2	关于试行峰谷分时电价有关事项的通知	贵州省发展改革委	2021-08-30	环境价格政策	http://fgw.guizhou.gov.cn/zwgk/gzhgfxwjsjk/gfxwjsjk/202110/t20211019_70938120.html
3	关于居民阶梯电价“一户多人口”政策有关事项的通知	广东省发展改革委	2021-04-29	环境价格政策	http://drc.gd.gov.cn/spjg/content/post_3274322.html
4	关于进一步规范天然气价格政策的通知	河北省发展改革委	2021-09-09	环境价格政策	http://hbdrc.hebei.gov.cn/web/web/nyjg_gzdt/2c9473847f812e59017f82ffad4d5d62.html
5	国家税务总局广东省税务局环境保护税核定征收管理办法	广东省税务局	2021-07-11	环境税收政策	https://guangdong.chinatax.gov.cn/qygkml/mlwjjd/2021-07/23/content_7af3a8316b65479796fa5574b39a0acc.shtml
6	新疆维吾尔自治区发展改革委关于印发《自治区污水处理定价成本监审暂行办法》的通知	新疆维吾尔自治区发展改革委	2021-11-26	环境收费政策	http://xjdrc.xinjiang.gov.cn/xjfgw/c108361/202201/d8f7006ec0c14ef697a7b8d4c7d03898.shtml
7	关于印发《湖北省城镇生活垃圾处理收费管理办法》的通知	湖北省发展改革委、湖北省财政厅、湖北省住房和城乡建设厅、湖北省市场监督管理局	2021-03-30	环境收费政策	http://fgw.ezhou.gov.cn/wjgz/flfg/202107/t20210707_408862.html

序号	政策名称	发布部门	发布时间	政策类型	政策来源
8	关于印发《青海省城镇生活垃圾处理收费管理办法》的通知	青海省发展改革委、青海省财政厅、青海省住房和城乡建设厅	2021-11-22	环境收费政策	http://fgw.qinghai.gov.cn/zfxxgk/sdzdgknr/fgwwj/202111/t20211130_79683.html
9	北京市生态环境局关于做好 2021 年重点碳排放单位管理和碳排放权交易试点工作的通知	北京市生态环境局	2021-04-12	环境权益交易政策	http://sthjj.beijing.gov.cn/bjhrb/index/xxgk69/zfxxgk43/fdzdgknr2/zcfb/hbjfw/202139/10967866/index.html
10	河北省自然资源厅河北省林业和草原局关于成立清理规范林权确权登记历史遗留问题试点工作专班的通知	河北省自然资源厅	2021-08-06	环境权益交易政策	http://zrzy.hebei.gov.cn/heb/gongk/gkml/gggs/tz/zrzyqrj/10621047756719808512.html
11	辽宁省人民政府办公厅关于完善建设用地使用权转让、出租、抵押二级市场的实施意见	辽宁省人民政府	2021-10-25	环境权益交易政策	http://www.ln.gov.cn/zwgkx/zfwj/szfbgtwj/zfwj2011_148489/202110/t20211029_4303744.html
12	关于印发《上海市省间清洁购电交易机制实施办法》的通知	上海市发展改革委	2021-10-12	环境权益交易政策	https://fgw.sh.gov.cn/fgw_gfxwj/20211123/81863ac5bc414f64a878fd1ba7dd939b.html
13	上海市生态环境局关于做好本市碳排放权交易 2020 年度履约工作的通知	上海市生态环境局	2021-08-31	环境权益交易政策	https://sthj.sh.gov.cn/hbzhywpt2025/20210831/122ab74bdc20462db4fcc5cda99a2b5d.html

序号	政策名称	发布部门	发布时间	政策类型	政策来源
14	上海市生态环境局关于做好本市全国碳排放权交易市场第一个履约周期碳排放配额清缴相关工作的通知	上海市生态环境局	2021-11-17	环境权益交易政策	https://sthj.sh.gov.cn/hbzhywpt2025/20211117/c524f3b2f2af4f2e8c662a5862cc4545.html
15	江苏省生态环境厅关于全省排污权交易平台上线运行的通知	江苏省生态环境厅	2021-03-08	环境权益交易政策	http://sthjt.jiangsu.gov.cn/art/2021/3/8/art_83843_10297308.html
16	江苏省水利厅关于印发《江苏省水权交易管理办法（试行）》的通知	江苏省水利厅	2021-12-01	环境权益交易政策	http://jsslt.jiangsu.gov.cn/art/2021/12/1/art_84426_10366280.html
17	浙江省生态环境厅浙江省发展改革委浙江省财政厅关于印发《浙江省排污权回购管理暂行办法》的通知	浙江省生态环境厅	2021-11-16	环境权益交易政策	http://sthjt.zj.gov.cn/art/2021/11/25/art_1229116580_2376762.html
18	福建省公共资源交易管理工作联席会议关于修订《福建省公共资源交易信用管理暂行办法》的通知	福建省发展改革委	2021-05-31	环境权益交易政策	http://fgw.fujian.gov.cn/zfxxgkzl/zfxxgkml/yzdgkdqtxx/202106/t20210604_5607951.html
19	福建省公共资源交易管理工作联席会议关于印发福建省2021年公共资源交易管理工作要点的通知	福建省发展改革委	2021-09-03	环境权益交易政策	http://fgw.fujian.gov.cn/zfxxgkzl/zfxxgkml/yzdgkdqtxx/202109/t20210907_5682483.html

序号	政策名称	发布部门	发布时间	政策类型	政策来源
20	广东省生态环境厅　广东省财政厅关于废止《广东省环境保护厅　广东省财政厅关于在我省开展排污权有偿使用和交易试点工作的实施意见》等2件规范性文件的通告	广东省生态环境厅	2021-07-26	环境权益交易政策	http://gdee.gd.gov.cn/gkmlpt/content/3/3369/post_3369662.html
21	江西省生态环境厅关于印发《江西省林业碳汇开发及交易管理办法（试行）》的通知	江西省生态环境厅	2021-06-04	环境权益交易政策	http://sthjt.jiangxi.gov.cn/art/2021/6/4/art_57149_3388659.html
22	省发展改革委　省财政厅　省生态环境厅关于碳排放权交易基价和交易服务收费标准的通知	湖北省发展改革委	2021-12-06	环境权益交易政策	http://fgw.hubei.gov.cn/fbjd/zc/zcwj/tz/202112/t20211215_3916962.shtml
23	四川省人民政府办公厅关于印发四川省公共资源交易平台目录的通知	四川省人民政府	2021-07-15	环境权益交易政策	http://www.sc.gov.cn/10462/zfwjts/2021/7/16/82cd81a5344f4ff7888cbd4a43b33e34.shtml
24	重庆市人民政府办公厅关于完善建设用地使用权转让、出租、抵押二级市场的实施意见	重庆市规划和自然资源局	2021-06-08	环境权益交易政策	http://ghzrzyj.cq.gov.cn/zwgk_186/fdzdgknr/lzyj/xzgfxwj/202107/t20210715_9480415.html
25	关于印发《宁夏回族自治区排污权交易规则（试行）》的通知	宁夏回族自治区生态环境厅	2021-09-26	环境权益交易政策	https://www.nxggzyjy.org/ningxiaweb/005/005011/20211117/782af4b9-ec33-4a73-9568-e706558c12de.html

序号	政策名称	发布部门	发布时间	政策类型	政策来源
26	关于印发《宁夏回族自治区排污权储备和调控管理办法（试行）》的通知	宁夏回族自治区生态环境厅	2021-09-28	环境权益交易政策	https://sthjt.nx.gov.cn/page/news/article/202110/20211026164031FO9AtI.html
27	关于印发《宁夏回族自治区排污权抵押贷款管理办法（试行）》的通知	宁夏回族自治区生态环境厅	2021-10-19	环境权益交易政策	https://sthjt.nx.gov.cn//page/news/article/202110/20211026164601YCh5Y7.html
28	关于印发《宁夏回族自治区排污权有偿使用和交易管理暂行办法》的通知	宁夏回族自治区生态环境厅	2021-12-17	环境权益交易政策	https://sthjt.nx.gov.cn/page/news/article/202112/20211217143334y9HFEI.html
29	广西壮族自治区自然资源厅关于全面开展农村“房地一体”不动产确权登记发证工作的通知	广西壮族自治区自然资源厅	2021-02-02	环境权益交易政策	https://dnr.gxzf.gov.cn/show？id=75787
30	关于发布《甘肃省2022年省内电力中长期交易实施细则》的公告	甘肃省发展改革委	2021-12-06	环境权益交易政策	http://fzgg.gansu.gov.cn/fzgg/c106112/202112/1905606.shtml
31	《甘肃省排污许可管理实施细则（试行）》	甘肃省生态环境厅	2021-09-16	环境权益交易政策	http://sthj.gansu.gov.cn/sthj/c113065/202112/1922210.shtml
32	关于印发《陕西省公共资源交易平台远程异地评标管理暂行办法》的通知（有效）	陕西省发展改革委	2021-03-31	环境权益交易政策	http://sndrc.shaanxi.gov.cn/fgwj/gfxwj/f63Ez2.html
33	关于印发《陕西省2021年新能源发电企业参与市场化交易实施方案》的通知	陕西省发展改革委	2021-01-25	环境权益交易政策	http://sndrc.shaanxi.gov.cn/zcfg/vuAvMf.html

序号	政策名称	发布部门	发布时间	政策类型	政策来源
34	关于建立国有自然资源资产管理情况专项报告制度的实施方案	广西壮族自治区自然资源厅	2021-10-21	环境权益交易政策	https://o.dnr.gxzf.gov.cn/show？id=78698
35	海南省自然资源资产产权制度改革实施方案	中共海南省委办公厅、海南省人民政府办公厅	2021-09-17	环境权益交易政策	https://www.baidu.com/link?url=Qih-P0jNBVyrpmPmZCUOgNveEX79wsC24C0vueJ0L3zpbrI76zd_mmzqFY5vmiKSO2--YQFRgojCfUsYVDstgrQyxGpYyXXmx8BWuDBjFeO_4wTuA-iNKYsNykRpB3dX&wd=&eqid=d469690200637c520000000261de4165
36	河南省自然资源资产产权制度改革实施方案	中共河南省委办公厅、河南省人民政府办公厅	2021-02-23	环境权益交易政策	https://www.henan.gov.cn/2021/02-23/2096950.html
37	湘西自治州自然资源资产产权制度改革方案	湘西自治州人民政府办公室	2021-03-30	环境权益政策	http://www.xxz.gov.cn/zwgk/fdxxgknr/lzyj/zzbf/202105/t20210512_1789937.html
38	孝感市自然资源资产产权制度改革实施方案	孝感市人民政府	2021-01-16	环境权益交易政策	http://zrzy.xiaogan.gov.cn/zrzyqqydc/1209468.jhtml
39	关于印发山东省水权交易管理办法的通知	山东省水利厅	2022-01	环境权益交易政策	http://www.shandong.gov.cn/art/2022/1/24/art_107851_117447.html
40	山东省水权交易管理办法	山东省水利厅	2021-12-23	环境权益交易政策	https://www.sdwcvc.edu.cn/info/1167/24139.html
41	上海加快打造国际绿色金融枢纽 服务碳达峰碳中和目标的实施意见	上海市人民政府办公厅	2021-10-19	绿色金融	http://www.tanjiaoyi.com/article-35131-1.html

序号	政策名称	发布部门	发布时间	政策类型	政策来源
42	《绿色企业评价规范》标准	深圳市市场监督管理局	2021-03	绿色金融	http://amr.sz.gov.cn/attachment/0/756/756827/9772236.pdf
43	关于加强深圳市银行业绿色金融专营体系建设的指导意见（试行）	深圳市地方金融监督管理局	2021-06-30	绿色金融	http://jr.sz.gov.cn/sjrb/xxgk/zcfg/dfjrzc/jrfzzc/content/post_8911861.html
44	深圳市环境污染强制责任保险实施办法	深圳市生态环境局、中国银行保险监督管理委员会深圳监管局	2021-07-01	绿色金融	https://www.hbzhan.com/news/detail/142445.html

参考文献

[1] 朱妍. 全国碳排放权交易市场首个履约周期得高分[N]. 中国能源报，2022-01-10（2）.

[2] 李锦，朱立杨. 排污权改革，降污增益的宁夏探索[N]. 宁夏日报，2022-01-06（4）.

[3] 刘丽靓. 2021 年全国碳排放权交易市场交易额逾 76 亿元[N]. 中国证券报，2022-01-01（A03）.

[4] 彭晓洁，钟永馨. 碳排放权交易价格的影响因素及策略研究[J]. 价格月刊，2021（12）：25-31.

[5] 单瑞. 用水权改革开启宁夏水资源利用新模式[N]. 华兴时报，2021-11-29（8）.

[6] 贾林海. 我国将加快建设全国用能权交易市场[N]. 中国冶金报，2021-09-24（1）.

[7] 贺觉渊. 发展改革委：加快建设全国用能权交易市场[N]. 证券时报，2021-09-17（A05）.

[8] 王振兴，周建国. 排污权交易试点的推进机制与政策特征——基于省级政策文本的分析[J]. 湖北社会科学，2021（9）：25-33.

[9] 王婕. 我国排污权交易和排污许可证的研究进展综述[J]. 工程与建设，2021，35（4）：850-851.

[10] 刘康，李涛，马中. 中国污水处理费政策分析与改革研究——基于污染者付费原则视角[J]. 价格月刊，2021（12）：1-9.

[11] 董战峰，龙凤，田雪，等. 水环境资源价格机制改革助推长江流域高质量发展[J]. 环境保护，2021，49（Z1）：58-60.

[12] 王雷，江小平. 中国城市再生水利用及价格政策研究[J]. 给水排水，2021，57（7）：48-53，59.

[13] 周波，李玉琦. 中国消费税职能定位及改革策略研究[J]. 财经问题研究，2021（9）：83-92.

[14] 常纪文，许军祥，于可利，等. 能否为再生资源行业减税？——我国再生资源行业税收

政策的建设现状与改革建议[J]. 中国生态文明，2021（5）：70-72.

[15] 董战峰，璩爱玉，郝春旭，等. 深化生态补偿制度改革的思路与重点任务[J]. 环境保护，2021，49（21）：48-52.

[16] 董战峰，毕粉粉，龙凤. 论国家流域水环境经济政策创新的思路与重点方向[J]. 环境保护，2021，49（7）：13-19.

[17] 薛英岚，张鸿宇，郝春旭，等. 污染场地风险管控环境经济政策体系：国外经验与本土实践[J]. 中国环境管理，2021，13（5）：135-142.

[18] 郝春旭，董战峰，葛察忠，等. 国家环境经济政策进展评估报告 2020[J]. 中国环境管理，2021，13（2）：10-15.

[19] 刘金花. 绿色财政税收政策推行中存在的主要问题及完善策略探究[J]. 中国市场，2021（16）：62-63.

[20] 刘桂环，王夏晖，文一惠，等. 近 20 年我国生态补偿研究进展与实践模式[J]. 中国环境管理，2021，13（5）：109-118.

[21] 王梓懿，张京祥，周子航，等. 生态补偿的价值目标：国际经验及对中国的启示[J]. 中国环境管理，2021，13（2）：19，27-32.

[22] 龙凤，葛察忠，林菲，等. 环境保护税对企业绩效的影响研究：基于税额标准的提高[J]. 中国环境管理，2021，13（5）：60，127-134.

[23] 陈煌，王力，黄德生，等. 我国环境保护税实施困境及对策研究[J]. 环境与可持续发展，2021，46（4）：18-23.

[24] 康爱香，宋旭阳. 自然资源资产负债表研究述评与展望[J]. 统计与决策，2021，37（11）：5-10.

[25] 郭韦杉，李国平，王文涛. 自然资源资产核算：概念辨析及核算框架设计[J]. 中国人口·资源与环境，2021，31（11）：11-19.

[26] 牛铭杰，赵海霞，朱天源，等. 基于文献计量的环境损害赔偿研究进展与展望[J]. 中国环境科学，2021，41（10）：4894-4903.

[27] 马中，蒋姝睿，马本，等. 中国环境保护相关电价政策效应与资金机制[J]. 中国环境科学，2020，40（6）：2715-2728.

[28] 郑逸璇，宋晓晖，周佳，等. 减污降碳协同增效的关键路径与政策研究[J]. 中国环境管理，2021，13（5）：45-51.

[29] 於方，曹国志，齐霁，等. 生态环境风险管理与损害赔偿制度现状与展望[J]. 中国环境管理，2021，13（5）：143-150.

[30] 谢婧，文一惠，朱媛媛，等. 我国流域生态补偿政策演进及发展建议[J]. 环境保护，2021，49（7）：31-37.

[31] 龙凤，毕粉粉，连超，等. 基于污水处理成本全覆盖的价格机制探析[J]. 环境保护，2021，49（7）：38-42.

[32] 於方，张志宏，孙倩，等. 生态环境损害鉴定评估技术方法体系的构建[J]. 环境保护，2020，48（24）：16-21.